COURS ÉLÉMENTAIRE

THÉORIQUE ET PRATIQUE

D'ARBORICULTURE

PAR

CÉLESTIN VIGNERON,

Élève de Du Breuil, professeur d'Arboriculture et de Botanique à l'école
de Tournai, membre et lauréat de la Société Impériale et centrale d'Horticulture
de Paris, membre de la Société Royale de Botanique de Belgique,
secrétaire adjoint de la Société Royale d'Agriculture
et d'Horticulture de Tournai.

PARIS

LIBRAIRIE DE P. LETHIELLEUX,
Rue Bonaparte, 66.

LEIPZIG

L. A. KITTLER, COMMISSIONNAIRE.
Querstrasse, 34.

H. CASTERMAN
TOURNAI.

COURS ÉLÉMENTAIRE

D'ARBORICULTURE.

COURS ÉLÉMENTAIRE

THÉORIQUE ET PRATIQUE

D'ARBORICULTURE

PAR

CÉLESTIN VIGNERON,

Élève de Du Breuil, professeur d'Arboriculture et de Botanique à l'école
de Tournai, membre et lauréat de la Société Impériale et centrale d'Horticulture
de Paris, membre de la Société Royale de Botanique de Belgique,
secrétaire adjoint de la Société Royale d'Agriculture
et d'Horticulture de Tournai.

PARIS   LEIPZIG

LIBRAIRIE DE P. LETHIELLEUX,   L. A. KITTLER, COMMISSIONNAIRE,
Rue Bonaparte, 66.   Querstrasse, 34.

H. CASTERMAN
TOURNAI.
1864

AVERTISSEMENT.

Appelé par la Société Royale d'Horticulture de
Tournai pour démontrer dans son École fruitière
les principes de la taille des arbres fruitiers, j'ai
cru devoir, dans l'intérêt du progrès de l'art arbo-
ricole, publier la méthode que je me suis formée,
et la manière dont je traite, tant par la taille que
par la greffe, toutes les essences fruitières.

Mon intention n'était pas de publier ma méthode
cette année; mais, pressé par beaucoup d'amateurs
zélés qui suivent mes cours, j'ai dû me mettre à
l'œuvre. N'ayant à moi que très-peu de temps
pour faire ce travail, je prie le lecteur de ne pas
être trop sévère à mon égard. Si quelque passage
paraissait obscur, je me mettrais volontiers à la
disposition des personnes qui voudraient bien me
faire des observations, et je serais toujours prêt à
leur faciliter l'intelligence de ma méthode.

La méthode que j'emploie pour tailler les arbres
n'est peut-être pas en tous points semblable à celle
de quelques savants arboriculteurs de Paris dont

j'ai suivi longtemps les cours. Des études sérieuses faites sur ce point important, l'application des différentes méthodes dans mes cultures fruitières, ont suffi pour me faire adopter celle que j'ai modifiée, et des résultats de laquelle je n'ai qu'à me louer. Dans le désir d'être utile aux personnes qui veulent avoir de bons et de beaux arbres en conservant leur longévité, j'ai publié l'exposé de mes principes de taille, tels que je les pratique, et j'espère que ceux qui les mettront en usage les trouveront aussi simples que précis.

Je ne prétends pas être le seul parmi les arboriculteurs qui pratique bien la taille et la conduite des arbres fruitiers : loin de moi une telle pensée et une si grande ambition. Mais, dévoué de cœur à la science, et désireux de stimuler de plus en plus l'émulation des personnes qui veulent s'instruire, j'ai la confiance que mon traité sera accueilli avec bienveillance par toutes les personnes amies de l'horticulture.

COURS ÉLÉMENTAIRE

THÉORIQUE ET PRATIQUE

D'ARBORICULTURE.

Création d'un jardin fruitier. — Examen et propriétés chimiques du sol.

Frappé des inconvénients nombreux qui ne se rencontrent que trop souvent dans des jardins de nouvelle création, je me hâte de dire qu'on ne saurait jamais prendre trop de précautions pour examiner la terre en la fouillant, afin de pouvoir se rendre compte des propriétés chimiques contenues dans le carré où l'on voudrait établir un jardin fruitier. J'ai vu, faute de soins et de travaux préalables, et pour n'avoir pas su apprécier la valeur et la qualité de la nature d'un terrain, des propriétaires et des jardiniers dont les plantations fruitières avaient été faites dans de mauvaises conditions, et qui comptaient sur leur produit pour se dédommager de tous leurs frais de main-d'œuvre et d'acquisition, recourir à toute espèce de moyens, comme engrais, tailles, puis incisions, dans l'espoir de rappeler à la vie leurs arbres fruitiers. Malheureusement ces arbres sont plantés dans un milieu qui ne leur convient pas. Il faut donc, malgré leur jeunesse, qu'ils languissent et qu'ils meurent, surtout quand des incisions ont été pratiquées sans connaissance de cause.

Je me rappellerai toujours que cette opération des incisions a été faite, l'année dernière, dans la propriété d'un des plus habiles horticulteurs de Paris, et qu'ayant eu le bonheur, en visitant ses beaux espaliers, de lui faire entrevoir cette opération des incisions qu'on avait eu grand tort de pratiquer, et qui avait été faite à son insu, il m'en témoigna un vif regret, sachant bien lui-même que cette faute commise sur un arbre auquel il tenait beaucoup, était excessivement grave, mais espérant encore que par ses soins il pourrait peut-être le ramener à son état primitif. Cela est douteux ; je ne pense pas qu'il ait réussi. En effet, l'action de la lame tranchante avait pénétré le liber et le bois très-profondément. Cette manière d'opérer ne doit avoir lieu que dans des circonstances exceptionnelles, et encore ne faut-il opérer qu'avec circonspection sur des arbres très-vigoureux, opération sur laquelle je reviendrai plus tard. (fig. 18.)

Si l'horticulteur, au lieu de saigner les arbres et de les travailler par des tailles, dans l'espoir de faire arriver de la sève là où il n'en existe pas, avait quelque connaissance de la physiologie végétale et se donnait la peine de réfléchir un peu, il reconnaîtrait que la cause de dépérissement n'est pas autre qu'une plantation faite dans de mauvaises conditions.

La couche végétale dans laquelle les arbres sont fixés, ne contient pas toujours les propriétés nutritives indispensables à la vie des arbres. Un arbre planté dans une position aussi défavorable ne pousse presque pas de feuilles, par conséquent peu de racines. Les feuilles sont, avec les racines, les organes principaux de la nutrition. Elles aspirent dans l'air différents gaz, fixent le carbone et exhalent l'oxygène. Les feuilles sont de véritables laboratoires, puisqu'elles élaborent la sève crue que les racines ont absorbée dans la couche végétale. C'est sous l'influence des rayons solaires, que les feuilles rejettent l'oxygène sous forme de transpiration, et fixent le carbone. Le gaz carbonique donne la solidité aux végétaux, et cette dureté que l'on rencontre dans le cœur du chêne. C'est dans leur tissu que la sève brute prise par les racines se dépouille de ses sucs aqueux, et acquiert toutes ses qualités nutritives. Une fois la sève élaborée par les feuilles, elle redescend entre la couche d'aubier la plus récemment formée et le liber, et arrive jusqu'aux racines qui, se trouvant abondamment nourries, abandonnent l'excédent de la sève qui constitue de nouvelles ramifications souterraines. Pressé par le temps, je ne puis m'étendre longuement en ce qui concerne la physiologie végétale. Néanmoins, je ne la perdrai pas de vue en traitant de la taille des arbres, car ce n'est que d'après ses vrais principes, sagement raisonnés, que l'on peut travailler les arbres avec succès; sans cela on peut dire qu'il n'y a que routine.

Je ne saurais donc trop engager, pour ce qui doit concerner les plantations fruitières, de bien examiner, non-seulement la première couche végétale, ou couche arable, mais encore le sous-sol, qui doit être perméable, afin que l'eau pluviale trouve son cours et ne reste pas stagnante au pied, ce qui amènerait la

décomposition des radicelles ou spongioles. Celles-ci
sont les plus essentielles à la vie végétale. Il ne faut
pas non plus que le sous-sol soit trop calcaire, car une
fois que les racines y viendraient chercher la nourriture de l'arbre, elles n'y trouveraient pas l'aliment
nécessaire à l'existence du sujet.

En conséquence, avant de se décider à planter un
carré destiné à une plantation fruitière, on devra
d'abord défoncer le terrain, c'est-à-dire qu'il faut commencer, à partir d'un bout, à ouvrir une tranchée
d'un mètre de largeur sur autant de profondeur. Ces
travaux doivent s'exécuter de préférence à la bêche.
Mais si la couche végétale est peu profonde, on peut
avoir recours à d'autres outils quand le défoncement
ne doit pas avoir la même profondeur que celui qui doit
être fait à la bêche. La tranchée étant ouverte, on la
continue de la même manière qu'un simple labour à la
bêche, avec soin toutefois de toujours tenir la tranchée
de la même profondeur et de la même largeur jusqu'à
l'autre bout, et de ne point négliger de niveler le terrain défoncé à mesure que l'on travaille (à moins que
le terrain ne soit trop difforme : dans ce cas, on défon-
cerait et ensuite on ferait le nivellement complet) S'il
existait, dans cette épaisseur de défoncement, des
corps étrangers nuisibles à la végétation, tels que
pierres, racines ou mauvaises herbes, il faudrait néces-
sairement passer la terre à travers une claie, dont les
barreaux seraient en fer et l'encadrement en bois. En
agissant ainsi, on parvient facilement à extraire tous
les corps étrangers, qui sont mis en tas et enlevés
après le défoncement complet. Cet enlèvement de
pierres, de racines, d'herbes, etc., ne se fait que par

un temps sec, et à l'aide de brouettes. Ces moyens de transport ne sont peut-être pas aussi expéditifs qu'avec cheval et voiture; mais on est favorisé par la facilité de circuler partout et de bien moins fouler le terrain défoncé et devenu mouvant.

Si la quantité de terrain que l'on a défoncé est d'une nature substantielle, c'est-à-dire une terre franche, profonde, argilo-siliceuse, mais plus légère que forte, on pourra, lorsque besoin sera, par des amendements raisonnés, obtenir toutes essences d'arbres. Si, au contraire, le terrain était compacte, glaiseux et froid, il faudrait apporter de grandes modifications avant de se livrer à la plantation.

Voici, d'après des expériences comparatives, les diverses terres convenables lorsque l'on se décide à planter.

On plantera le poirier dans une terre profonde, argilo-siliceuse, mais plus légère que forte, le poirier étant un arbre à racine pivotante. On plantera le pommier dans une bonne terre franche, douce, un peu humide, afin que ses racines, généralement traçantes, puissent développer leurs radicelles. Une trop grande humidité cependant serait pernicieuse, comme pour tous les arbres en général.

Le même sol que pour le pommier convient parfaitement au prunier; ses racines sont aussi traçantes.

Pour l'abricotier, on choisira une terre bien amendée, contenant un tiers d'argile et deux tiers de matière siliceuse. Cette nature de terre lui convient parfaitement.

Les terrains sablonneux, qui ne le sont pas à l'excès, fournissent de beaux abricotiers qui produisent d'excellents fruits. Généralement, les arbres fruitiers plantés dans les terrains frais, poussent beaucoup, donnent beaucoup de bois, quelquefois quelques gros fruits, mais peu savoureux. L'humidité surabondante du sol pénètre avec force par les membranes radiculaires ; la sève, arrivant dans les yeux placés à l'aisselle des feuilles avec une grande vigueur, n'a pas le temps d'être élaborée convenablement par les feuilles. De là des bourgeons vigoureux qui, ordinairement, prennent de forts empâtements sur les branches qui les portent, le plus souvent de couleur verte et d'une consistance molle. Souvent aussi ces productions exagérées emportent une partie de la sève au détriment des productions voisines. Je parlerai plus loin de ces rameaux de destruction.

Pour le pêcher, on aura soin de rechercher l'exposition du midi pour les espèces tardives et précoces ; on plantera les autres à toutes les expositions, excepté celle du nord[1].

(1) Si on plantait des pêchers dont les fruits sont tardifs à l'exposition du nord, ils n'y mûriraient pas, le fruit serait mauvais, sans couleur et sans saveur.

Les rayons solaires n'agissant plus à cette époque avec assez d'intensité sur le fruit, pour faciliter l'élaboration des principes aqueux qu'il contient. Il en résulte que les fruits sont mauvais et défectueux.

L'exposition du nord est également mauvaise pour les espèces hâtives, voici pourquoi. La végétation de ces dernières étant plus précoce, les fleurs s'épanouissent de très-bonne heure. Les organes sexuels (étamine et pistil) sortant trop tôt de l'enveloppe qui les protégeait, sont très-souvent victimes des gelées printanières. Ces organes importants sont d'autant plus sensibles qu'ils sont très-tendres ; le moindre froid les saisit et empêche la fécondation.

Le pêcher aime une terre douce, profonde et substantielle. En espalier, cet arbre exige des soins minutieux pour arriver à quelques bons résultats. Il n'est
pas rare de voir, dans les jardins, les plates-bandes
couvertes de toutes espèces de légumes, afin, comme
je l'entends dire trop souvent, de tout à fait bien
utiliser le terrain. Eh bien, cela est mauvais; on doit
s'en abstenir. Cette culture dans les plates-bandes
est très-nuisible aux arbres, surtout au pêcher, qui,
indépendamment de ces racines souterraines que l'on
rencontre très-avant dans l'épaisseur du sol, en a aussi
bien d'autres beaucoup plus minces et plus petites,
excessivement précieuses, qui, je le répète, sont sacri-
fiées par certaines cultures dans les plates-bandes. Il
faut donc ne pas cultiver dans les plates-bandes, ou
du moins tout à fait peu, et légèrement. Ce sont ces
racines-là, situées vers la superficie de la terre, qu'il
ne faut jamais couper; ce sont elles qui entretiennent
principalement la vie de l'arbre, par les sucs nourriciers que leurs spongioles puisent dans la couche végétale, et par les bonnes impressions qu'elles sont exposées
à recevoir des agents atmosphériques. Mais s'il existe,
comme je le disais tout à l'heure, tout un arsenal de
légumes, tels que haricots, pommes-de-terre hâtives,
salade, épinards, etc., il est certain que le pêcher se
trouve privé de la meilleure nourriture si nécessaire à
sa végétation. Tous ces produits étrangers mangent et
absorbent les sucs végétaux contenus dans le sol. Les
racines sont alors obligées de chercher leur nourriture
plus profondément, quelquefois dans une terre morte,
où l'arbre ne tarde pas à ralentir son développement,
et périt même quelquefois.

En conseillant donc, par expérience, de ne jamais rien planter sur les plates-bandes où il existe des arbres fruitiers, notamment le pêcher en rapport, à cause des raisons que j'ai données ci-dessus, je recommande, au contraire, de prendre du bon fumier consommé, et de le répandre non-seulement au pied des arbres, mais encore sur toute l'étendue de la plate-bande. On s'abstiendra de labourer profondément. Au lieu de la bêche, qui pourrait trancher et détruire les racines, on se servira de la fourche à dents plates, avec la précaution de ne donner qu'un léger labour, pour ne pas contusionner les radicelles qui se trouvent sur toute la superficie. Mais les sarclages sont bien préférables. Lorsque, chaque année, on pratique une bonne fumure, qui ne doit pas avoir moins de 10 centimètres d'épaisseur, les labours deviennent plutôt nuisibles qu'utiles. Les jeunes racines qui se trouvent sous l'action puissante de ce fumier réduit en humus, ne tardent pas à y prendre une grande vigueur; par l'expérience, on peut se rendre compte de ce que j'avance après le cours d'une année de végétation. A l'arrivée du printemps, quand surviennent les pluies, ainsi que de temps à autre les orages de l'été, le fumier qui recouvre la terre se trouve lavé, et il se forme un liquide composé qui, en pénétrant dans le sol, est bientôt absorbé par les petites racines que l'on nomme spongioles (c'est-à-dire petites éponges). C'est ce liquide qui peut donner une idée de la force végétative, tellement les effets en sont grands à cette époque. C'est aussi ce qui faisait dire à un savant arboriculteur parisien, que ce liquide composé est, pour l'arbre, ce qu'un bon bouillon est pour la santé de l'homme dont le tempérament a besoin d'un régime solide. En renouvelant chaque année la couche de bon fumier, on n'aura qu'à s'applaudir des bons résultats que l'on en retirera, et alors il est inutile de labourer. Le fumier se trouve consommé par les influences atmosphériques; cela suffit pour rendre le sol assimilable et gras. Ce travail ou cette manière de procéder est de toute nécessité dans les terrains où l'argile domine avec excès.

Si l'on néglige ce travail sur des sols froids et lourds, il est évident que les arbres en souffriront: car lorsque certains labours dont on ne peut se dispenser, ou sarclages du printemps, sont effectués, les premières pluies du mois de mars ou d'avril étant souvent battantes, elles déterminent, par le soleil et les hâles, une dessiccation qui fait fendre le sol; la sécheresse arrive jusqu'aux racines, faute d'une bonne couche de fumier, et, au moment le plus précieux pour la végétation, la terre qui se trouve fendue et resserrée, a pour effet de mutiler, de briser les radicelles. En employant le moyen que je recommande, on empêche ces fâcheux accidents.

Enfin, on plantera le cerisier dans une terre douce et légère, au midi ou au couchant. L'emploi du fumier sur toutes les plates-bandes plantées d'arbres fruitiers, est toujours indispensable si l'on veut obtenir une belle végétation.

Plantations.

Après avoir préparé et modifié le terrain dans les endroits où besoin sera, on tracera les allées et les plates-bandes au moyen de jalons et de cordeaux : ensuite on procédera à la plantation.

D'abord les plates-bandes des espaliers seront tracées de 2 mètres de largeur, sur la longueur que comportera le terrain entouré de murs. Pour les plates-bandes des carrés qui contiennent les cultures maraîchères ou florales, la largeur de 1 mètre 65 centimètres est suffisante pour planter, en entremêlant soit poiriers et pommiers, sans cependant faire confusion. Les poiriers ainsi que les pommiers seront plantés aux deux tiers de la plate-bande, afin de ne pas gêner la promenade ou la circulation dans les allées lorsque les arbres acquièrent du développement. Pour cette plantation, on prend une mesure exacte au moyen d'une toise et d'un cordeau. Cela fait, on distribue les arbres sur toutes les plates-bandes à la distance de 3 mètres pour les poiriers, quenouilles, pyramides ou colonnes. Après avoir planté les poiriers, on plantera les pommiers dans les intervalles. On emploiera des pommiers nains, dits *paradis*, pour garnir le vide entre les poiriers. Ces pommiers nains seront choisis parmi ceux qui sont greffés sur paradis, et non greffés sur franc, parce que ces derniers ont assez pour habitude de pousser avec trop de vigueur et de nuire, non-seulement aux poiriers, mais encore à l'harmonie de la plantation. Ces petits pommiers nains sont très-productifs, leurs fruits sont ordinairement très-beaux et d'une excellente qualité ; je les recommande surtout à cause de leurs racines traçantes qui sont une bonne raison pour ne pas les négliger, parce qu'ils ne peuvent pas nuire aux poiriers.

On pourra encore, si l'on désire réunir l'utile à l'agréable, tirer une ligne dans les plates-bandes, à 20 centimètres environ de la bordure, et y planter des pommiers nains en cordons horizontaux unilatéraux, à la distance de 2 mètres. Quand on s'aperçoit que la sève se met en mouvement, on taille le tiers de la longueur de ces jeunes arbres, puis on les laisse croître tout l'été, en les abandonnant à leur entier développement. A l'automne suivant, on place, sur la ligne de cette plantation, un fil de fer galvanisé n° 14, fixé à chaque extrémité par un bon pieu auquel il est attaché, et raidi au moyen d'un tendeur (dit collignon). Ce fil de fer est supporté tous les 8 mètres par un petit poteau de bois fixé en terre, et à 40 centimètres au-dessus du sol. La ligne ainsi établie, il suffira de coucher la tige des jeunes arbres sur le fil de fer et de l'y fixer avec du petit osier. Ces sortes de cordons horizontaux unilatéraux, font un très-bon effet pour fermer une plate-bande; les fruits en sont aussi très-beaux et d'un aspect agréable sur les bords des allées.

Je ferai aussi remarquer pour les pommiers, que, si le terrain était sec et brûlant, on prendrait des sujets d'un an de greffe sur doucin. Si, au contraire, le terrain présentait une nature argilo-siliceuse un peu fraîche, on prendrait des sujets greffés sur paradis. En voici la raison : la racine pivotante, qui quelquefois se manifeste aux pieds des arbres greffés sur doucin, les fatiguerait ou les ferait périr, s'il n'existait pas la fraîcheur nécessaire dans l'épaisseur du sol ; tandis que le pommier greffé sur paradis trouve assez de fraîcheur dans la couche végétale, n'ayant que son chevelu et point de grosses racines. En constatant ces différences, et appropriant la nature de terre convenable à chaque espèce ou variété, on arrive, sans aucun doute, à de bons résultats.

Il n'est pas moins utile pour le poirier de faire des remarques relatives à la nature du sol. Ainsi, on plantera des poiriers greffés sur coignassiers dans une terre riche et friable ; tandis que l'on plantera des poiriers greffés sur franc dans des sols inférieurs contenant moins de principes nutritifs. La plantation est une opération qui demande beaucoup de soins, et qui exige un raisonnement exact de la physiologie végétale : c'est la base du succès à venir. Si la plantation est faite dans de mauvaises conditions, les arbres pousseront mal, donneront peu de fruits, et la plupart arriveront, tout jeunes encore, à une fin prématurée. Il faut donc bien réfléchir et raisonner avant de planter, afin que le travail que nécessite la plantation soit fait avec principe et connaissance. Lors donc que l'on ouvre un trou, il faut avoir soin de faire un petit monticule sur lequel l'arbre sera placé. Puis on étalera avec la main toutes les racines autour de ce monticule, afin qu'elles se trouvent espacées sans former faisceau ; après quoi on insinuera légèrement de la terre entre les jeunes racines en agitant très-peu l'arbre, pour que les racines forment avec la terre une liaison exacte, afin qu'il n'y ait pas de cavité. Tout cela s'obtient en appuyant légèrement, afin de ne pas blesser les radicelles et les spongioles. Ensuite on remet la terre autour de l'arbre et on nivelle le terrain.

Il est bien entendu qu'avant de fixer l'arbre en le déposant sur le monticule, on a pris soin de tourner la greffe du côté opposé au soleil, et de bien éviter de ne pas l'enterrer, car, pour le bien, elle doit se trouver à 15 centimètres au-dessus du sol lors de la plantation, afin que, lorsque la terre aura opéré son tassement occasionné par le défoncement , la greffe puisse se trouver à 5 centimètres au-dessus du sol.

Avec cette précaution, on évitera des inconvénients qui ne tarderaient pas à se montrer. Je veux parler des jeunes pousses gourmandes qui sortiraient bientôt de la greffe, et nuiraient tout de suite à la végétation de l'arbre, tandis qu'il faut toujours chercher à la favoriser. La plantation étant terminée, on laisse les choses dans l'état où elles sont jusqu'au parfait tassement, et on termine alors par un léger labour, pour obtenir le nivellement, sans négliger ensuite de répandre sur cette terre une certaine épaisseur de bon fumier qui active la végétation. Cette manière de planter peut s'appliquer à toutes les essences fruitières, notamment aux fruits à noyaux et à pepins , qui donneront plus tard des résultats satisfaisants.

Après avoir à peu près communiqué les moyens à employer pour les plantations dans les terrains neufs, c'est-à-dire pour une création nouvelle, je crois maintenant devoir attirer l'attention des horticulteurs et des propriétaires sur d'autres plantations qui, pour faire disparaître des vides qui existent souvent parmi de vieux espaliers, consistent à remplacer par un jeune arbre celui qui précédemment y existait. Je ferai donc remarquer que ce genre de plantation, malheureusement trop usité encore aujourd'hui, n'offre aucun avantage. Au contraire, cette manière de procéder ne constitue qu'un retard inappréciable, et un préjudice réel pour l'avenir et pour le temps dépensé inutilement. Toute autre chose s'achète, mais les instants, qui sont toujours précieux pour l'homme laborieux et intelligent, ne se rachètent à aucun prix. Le temps perdu n'est jamais remplacé, quoi qu'en dise le dicton populaire. Souvent l'arbre que l'on plante ainsi meurt très-jeune, après avoir poussé avec assez de force pendant quelques années. Il finit par s'arrêter tout à coup, il n'augmente plus. Son état de souffrance détermine le blanc ou champignons aux radicelles[1]; ensuite la mousse sur le tronc et sur les branches. Enfin, quelques fruits à moitié constitués résultant d'une sève expirante, terminent l'existence de ces arbres.

On objectera peut-être qu'en fouillant, qu'en pratiquant un bon trou pour enlever toute cette terre épuisée et la remplacer par une autre contenant toutes les propriétés qui peuvent constituer un bon sol, l'arbre que l'on y plantera devra pousser et prospérer comme son prédécesseur qui y était depuis quatre-vingts ou cent ans et qui avait donné beaucoup de beaux et de bons fruits; cela est une erreur. Cet arbre que l'on regrette était précieux, il est vrai; mais aujourd'hui qu'il a acquis par l'âge une grande extension sur le mur, qu'il a pris autour de lui et au loin tout ce que le sol pouvait lui fournir de nourriture, qu'il n'y a plus assez d'action vitale dans sa constitution, que les racines sont devenues indolentes d'actives qu'elles avaient été dans leur jeunesse, il ne peut plus vivre plus longtemps, sa vie est usée. De même le jeune arbre qui succédera à un ancien, poussera certainement très-bien jusqu'à ce qu'il ait absorbé les propriétés contenues dans la terre nouvelle du trou rempli; mais lorsqu'il arrivera au pourtour de ce trou et en dehors où il ne rencontrera plus qu'une terre maigre, épuisée, inca-

---

[1] Espèce de moisissure qui pourrit les spongioles.

pable de produire, alors vous pouvez considérer cet arbre comme perdu. Il ne s'étendra plus, il ne profitera plus. Il ressemblera à un arbuste en caisse ; lorsque la terre de ce dernier est usée, si on ne veut pas le perdre, il faut le rencaisser, changer la terre et trancher quelques racines, avant de le remettre dans une caisse plus grande pour qu'il puisse suivre le cours de sa végétation. Comme on ne peut pas en faire autant d'un arbre lorsqu'il est en terre, ne plantons donc jamais un jeune arbre dans la place d'un vieux, si nous ne pouvons faire que la fosse nécessaire pour le mettre en terre. Ce qui prouve encore cette vérité, ce sont les feuilles, principaux organes de la respiration, qui, au lieu d'être vertes et belles, ce qui atteste la santé de l'arbre, jaunissent et tombent à l'état séveux, c'est-à-dire avant d'être arrivées à leur croissance naturelle, et par conséquent avant d'avoir séché sur l'arbre.

Après avoir végété pendant quelques années, n'ayant produit que des branches et donné que peu ou point de fruit, l'arbre ne montre souvent alors que la moitié de sa charpente, dirigée soit horizontalement, soit verticalement sur le mur. Au bout de quelque temps on s'aperçoit que l'arbre pousse moins à bois, que les yeux latents qui devaient se constituer en branches charpentières ou en branches de prolongement (celles qui reforment les pointes) s'arrondissent et se mettent à fruits. Lorsque telle chose arrive, l'amateur qui ne s'y connaît pas assez se trouve satisfait ; mais c'est encore une erreur. La période végétative de tels arbres est, pour ainsi dire, terminée. Les racines ne trouvent plus assez de nourriture, et ne peuvent fournir à l'arbre qu'une nourriture toujours insuffisante à l'entretien et à la prolongation de sa vie. Pendant un an ou deux, on obtiendra peut-être encore d'assez bons fruits; mais ensuite l'arbre dépérit et meurt dans le marasme, parce que, insensible, il ne peut plus se défendre contre les lichens, les mousses et autres cryptogames parasites, qui finissent par le couvrir en bouchant les pores ou stomates[1] placés sur l'épiderme, qui sont aussi des

[1] Les stomates sont de petits orifices circonscrits par deux cellules arquées qui se regardent par leur concavité; ils appartiennent à l'épiderme, et c'est par ces orifices que l'air pénètre dans les méats pour la respiration du végétal.

Les stomates appartiennent, comme je viens de le dire, à l'épiderme, qui n'est autre chose lui-même qu'une membrane mince et transparente, incolore, qui s'étend sur toute la surface du végétal, et se compose de cellules aplaties, intimement unies entre elles, et formant une ou plusieurs couches.

Les cellules ou utricules sont des cavités closes d'un diamètre à peu près égal dans tous les sens, constituant le tissu cellulaire ou parenchyme des végétaux, et laissant entre elles des interstices plus ou moins grands nommés méats ou lacunes intercellulaires.

La cellule constitue l'élément organique fondamental de toute végétation. Dans son plus grand état de simplicité, la cellule est une sphériole creuse, presque toujours microscopique, formée de cellulose, et contenant dans son intérieur des matières solides ou liquides, déjà élaborées par le travail vital.

Les cavités closes des cellules présentent trois modifications principales : 1° elles ont un diamètre à peu près égal dans tous les sens, on les nomme alors cellules; 2° elles sont plus longues que larges, et leurs deux extrémités sont amincies en fuseau; on les nomme fibres; 3° elles forment des sacs très-allongés dont on ne peut voir les extrémités sans le microscope; on les nomme vaisseaux : ces trois organes élémentaires contiennent dans leurs cavités closes et dans leurs interstices des matières très-variées, gazeuses ou liquides ou solides. Les cellules se tapissent intérieurement de certaines substances dont la compo

organes de respiration. L'arbre ne peut vivre ainsi longtemps, et, quand même il résisterait quelques années de plus, il ne garnit qu'imparfaitement la place qu'il occupe.

sition chimique est différente de la leur ; 1° les fibres se tapissent, s'imprègnent d'un principe particulier qui les solidifie, qu'on nomme le ligneux ; 2° la matière contenue dans l'intérieur des cellules ne tapisse pas toujours leurs parois ; elle se montre sous la forme de granules épars ou pelotonnés. Dans les cellules très-jeunes se voit ordinairement un amas granuleux en forme de boule, ou de lentille, qui s'applique sur la paroi, ou même s'enfonce dans son épaisseur : ce corps est regardé comme un germe qui, par son développement, doit produire de nouvelles cellules ; on lui a donné le nom de nucleus (noyau) , de cytoblaste (germe des cellules), de phacocyste (lentille de la cellule). Le nucleus, dans la plupart des cas, devient de moins en moins apparent, à mesure que la cellule se développe.

Je ne m'étendrai pas plus loin sur cette description tout anatomique, qui ne serait comprise que par bien peu de personnes. Du reste, pour qu'on puisse vérifier ces faits, il faut qu'on ait à sa disposition un microscope, et qu'on sache bien s'en servir et préparer convenablement les tissus dont on veut observer l'organisation : c'est un art qui ne s'enseigne pas dans les livres, mais qu'on peut acquérir en voyant travailler les autres, et surtout en répétant leurs observations ; la patience et la persévérance suffiront pour cela.

Je donnerai donc pour solution, que les cellules sont la base de tous les organes des végétaux ; elles sont à ces derniers ce que sont à un édifice les pièces qui le composent. Leurs agrégations en masse continue où elles subissent toutes simultanément les mêmes modifications, constituent ce qu'on appelle les tissus, c'est-à-dire les parties organisées et solides.

Dans tous les végétaux, les cellules sont uniformément composées d'une substance quaternaire (nommée cellulose), qui est blanche, incolore et diaphane, comme le sont les parois des cellules. Elle est la matière première et indispensable avec

Je conseille par expérience de renoncer à ces modes de plantations que j'appellerai un véritable rencaissage. Si on n'avait dans son jardin que de vieux arbres, on pourrait en planter un bout chaque année, par le procédé suivant.

laquelle les cellules sont formées ; on peut dire que c'est elle qui constitue la partie la plus essentielle et fondamentale du squelette des végétaux.

Les matériaux contenus dans les cellules et les méats intercellulaires sont : 1° la cellulose, matière insoluble, composée de carbone et des éléments de l'eau, constituant essentiellement les parois des cellules, fibres et vaisseaux ; le ligneux, substance qui incruste la cellulose, et n'en diffère que par une proportion de carbone plus considérable ; la fécule, substance insoluble dans l'eau froide, faisant colle avec l'eau chaude, bleuissant par l'iode, offrant la même composition chimique que la cellulose ; le sucre, la gomme, la dextrine, etc., ayant aussi la même composition, mais solubles dans l'eau ; 2° la chromule ou chlorophylle, matière constituant la couleur verte des végétaux, soluble dans l'alcool ; les huiles, essences, résines, cires, qui ne diffèrent, comme la chromule, des substances précédentes, que par une proportion plus grande d'hydrogène ; 3° les acides végétaux, gallique, acétique, citrique, etc., qui diffèrent de la fécule et du sucre par une proportion plus grande d'oxygène ; 4° les alcalis végétaux, qui contiennent en outre de l'azote ; 5° l'albumine, la fibrine, la caséine, qui contiennent en outre du soufre, et constituent principalement la partie nutritive du végétal pour les animaux ; 6° les substances minérales, sulfates, carbonates, phosphates, alcalis, silice, etc.

Ces petites ouvertures microscopiques que nous appelons stomates, sont aussi de simples modifications de cellules. C'est à elle qu'est due la formation de ces petits organes dont le rôle physiologique est fort important. Les stomates n'existent jamais que sur les surfaces des organes en contact avec l'atmosphère ; ils abondent sur les feuilles et généralement sur les parties vertes des plantes ; on n'en trouve jamais sur les racines ni sur les plantes aquatiques entièrement submergées.

On ouvrira une tranchée, si l'on veut planter le long d'un mur, de deux mètres de largeur sur un mètre de profondeur. On aura soin de jeter les terres assez loin, afin d'avoir toute facilité de pouvoir prendre des terres en longeant la tranchée afin d'éviter toute espèce de transport qui devient toujours coûteux. On commence d'abord, lorsque la tranchée est ouverte, par jeter dans le fond des débris de végétaux, si on en a sous la main, de vieux gazons, des terres de démolitions, des plâtras ou immondices ; ensuite on met une couche de terre végétale de 33 centimètres au moins d'épaisseur, n'ayant jamais produit d'arbres, mais des légumineuses ou des graminées ; on étale dessus une bonne épaisseur de fumier à demi consommé, puis on recouvre le tout avec la terre prise à côté de la tranchée ouverte. Ce travail doit être exécuté de bonne heure, afin de donner à la terre mouvante le temps de se raffermir avant de planter ; car si on devait planter aussitôt après cette opération de défoncement, les arbres que l'on y mettrait se trouveraient trop enfoncés, ou trop au-dessus du sol. Il est plus prudent d'attendre, afin de réussir et de faire une bonne plantation.

Les terres épuisées que l'on a retirées de la tranchée, seront remises à la place de celles qui ont été prises pour la tranchée nouvelle ; ces terres, quoique maigres, se trouveront améliorées par les cultures qu'on leur donnera. De plus, elles se bonifieront sous la bienfaisante influence des rayons solaires, de l'atmosphère et des saisons. Il sera convenable, toutefois, les premières années, de bien fumer ce terrain et de n'y mettre que des plantes peu fatigantes, telles que pois, haricots, salades, etc. Toutes ces plantes y pousseront très-bien, en attendant que l'on puisse livrer à cet endroit de plus fortes cultures.

Le moment de la plantation étant arrivé et le nivellement de la tranchée effectué, on choisira de bons sujets dans la pépinière. On prendra de préférence ceux d'une année de greffe, s'il s'agit de pêcher, abricotier, prunier, cerisier, et des sujets de deux ans si on plante des poiriers. Si l'on a préparé son terrain comme je l'ai indiqué, on pourra prendre des poiriers greffés sur coignassiers, avec la précaution de rechercher les plus sains et les plus vigoureux. On doit ne pas prendre d'arbres ayant plus de deux ans de greffe, car si on le faisait, on s'exposerait à ne planter chez soi que des rebuts de pépinières, des arbres rachitiques et pour ainsi dire usés.

Une distance de 5 à 6 mètres est convenable pour ces essences fruitières. Si on plante en espalier dans le but d'établir de ces formes gracieuses et princières, si je puis me servir de cette expression, on peut planter entre chaque poirier une marcotte de vigne en pot ou en chevelée, ou bien en panier, ce qui est préférable, car on peut planter la vigne avec le panier qui ne tarde pas à pourrir, et n'amène aucun dérangement dans la reprise des jeunes ceps. Ces vignes serviront à former des cordons horizontaux sur les derniers treillages au haut de l'espalier. Ces cordons de vignes font toujours un très-bon effet, sans nuire en rien à l'espalier.

Pour établir une treille qui soit vigoureuse, productive et de longue durée, voici le procédé à suivre :

Au lieu de planter les vignes près du mur, ainsi qu'on le fait pour les arbres, on les plantera en ligne sur le bord de la tranchée, c'est-à-dire à 2 mètres du mur,

en ayant soin que chaque pied se trouve à égale distance entre chaque poirier. Une fois plantées, on les
laisse dans cet état jusqu'à la taille, et on ne laisse
qu'un scion ou sarment destiné à former plus tard la
treille. On enlève les vrilles, on rogne le bout du scion
à peu près au tiers de sa longueur, et on l'abandonne à
lui-même pendant cette première année de plantation.

Au printemps suivant, on ouvrira une petite tranchée pour coucher le jeune sarment, qui sera recouvert
de terre et coupé à 10 centimètres au-dessus du sol.
La sève ascendante, excitée par les rayons bienfai-
sants du soleil, chemine dans l'intérieur du jeune scep;
lorsqu'elle parvient à son extrémité, elle fait grossir
les quelques yeux qui le termine, et donne naissance
à de nouveaux bourgeons, que l'on supprime, sitôt
leur apparition, excepté le terminal qui, au contraire,
sera soigné, et qui formera plus tard la treille. Cette
suppression des bourgeons inutiles active notablement
ce dernier. On le fixe à un tuteur en favorisant son
développement pendant tout le cours de la végétation.
On continue le même procédé de couchage, jusqu'à ce
que l'on arrive au mur, où on le fixe à la place qu'il
doit occuper. Ce genre de plantation est très-bon, car
les yeux latéraux, placés sur le sarment couché en
terre, se développent et donnent des racines qui ne
tardent pas à aspirer dans la couche végétale les propriétés nutritives qui y sont contenues. Il suffit ensuite
d'allonger chaque année la taille suivant la force du
sujet; de continuer à favoriser le développement du
cep, en ne laissant toujours que le pied primitif et en
enlevant les autres bourgeons qui se seraient développés, sitôt leur apparition.

Quand le cep arrive à la hauteur désirée, on taille sur les deux yeux les mieux placés, afin de pouvoir, par la torsion, former un T sans une trop grande bifurcation, et les deux bourgeons qui seront partis des yeux qu'on aura conservés, seront pliés à l'état herbacé. Cette opération se fait mieux et se trouve toujours plus belle et plus régulière, lorsqu'elle est pratiquée de cette manière.

La marche à suivre pour la préparation du sol, et les explications sur la plantation, ayant été données d'une manière suffisante, je ne m'en occuperai plus ici. Je vais continuer par la taille, en commençant par le poirier.

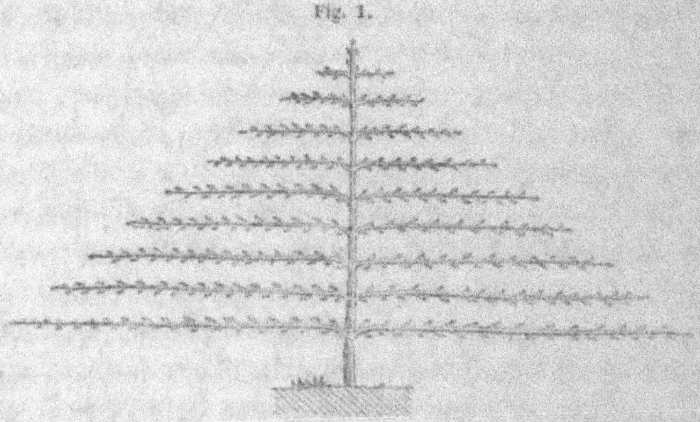

Fig. 1.

Poirier palmette simple à branches horizontales.

Pour obtenir des poiriers dits *palmettes simples à branches horizontales*, cela n'est pas toujours très-facile. Il faut d'abord une bonne végétation, afin de pouvoir opérer le pincement au-dessus de trois yeux latéraux, combinés pour former deux membres, un de chaque côté de la flèche, et le dernier placé sur le devant pour servir à la continuation de l'arbre. On doit toujours chercher, autant qu'il est possible, à réunir les branches en face l'une de l'autre, c'est-à-dire à les avoir opposées afin que la charpente représente la figure ci-dessus. Mettant à part quelques légères modifications, que l'habitude et l'intelligence pourront suggérer, je vais donner les premiers principes pour la formation de la palmette. Supposons un jeune poirier d'un an de greffe. On le rabattra, à la taille, à 25 ou 30 centimètres au-dessus de la greffe. Mais cette opération de taille ne se pratique pas la première année qui suit la plantation (soit en décembre). On laissera l'arbre tranquille pendant un an, afin que les racines aient le temps de prendre et de se fixer au sol, c'est-à-dire que la reprise de l'arbre en question soit assurée. Il suffira seulement, la première année, de couper l'extrémité des branches, sans distinction.

La place de l'arbre qui aura été rabattue sera, de suite, cicatrisée avec de la cire à greffer, pour éviter le contact de l'air. On nettoiera aussi, avec la serpette, la coupe que l'égohine aura faite ou la pression du sécateur. On laisse l'arbre dans cet état jusqu'à ce que les yeux se soient développés. On choisit alors les yeux les mieux placés. Les yeux ou bourgeons que l'on conserve sont au nombre de trois : un de chaque côté du jeune tronc et l'autre à l'extrémité, placé autant que possible sur le devant, pour servir à former la branche terminale ou de prolongement. Les deux yeux inférieurs placés de chaque côté sont destinés à former les deux premiers membres de la charpente de l'arbre. On veillera, cette première année, à ce que l'équilibre de ces trois branches se maintienne ; on les favorisera en supprimant tous les yeux qui se développeraient à la base. Si, par exemple, le scion de prolongement, comme il est placé à l'extrémité, cherchait à s'emporter en attirant vers lui toute la sève, il ne faudrait pas attendre ce fâcheux inconvénient. Il faut même, pour bien faire, le prévoir, le deviner avant qu'il n'existe; cela vaut toujours mieux. On y remédierait cependant par le palissage, en l'attachant strictement et sans le blesser, ce qui serait fort préjudiciable. En effet, c'est de ce scion que doit sortir toute la charpente. Quant au scion de la base, on le maintiendrait plus facilement en parfait équilibre; s'il arrivait qu'une branche s'emportât plus que l'autre, on la corrigerait au moyen de l'arcure sur le treillage, c'est-à-dire en l'abaissant et en l'attachant, tandis que l'autre serait laissée en pleine liberté pour acquérir plus de force.

Lorsque l'équilibre est rétabli, on détache la branche courbée, et on la redresse pendant qu'elle est encore à l'état herbacé, afin de lui faire prendre une position convenable. Si on la laissait trop longtemps dans cette position courbée, elle pourrait devenir ligneuse, et alors, pour la redresser, on serait exposé à la casser, ce qui occasionnerait un retard et une irrégularité, momentanée il est vrai, mais peu agréable. Les soins de la première année consistent, comme on vient de le voir, à surveiller l'équilibre de ces trois premiers membres ou branches.

Deuxième année de taille. Lorsque l'on aborde son jeune arbre, qui doit avoir deux branches sous-mères ainsi que la branche du devant pour former celle de prolongement, on le détache et on opère la deuxième taille. Elle consiste à enlever le tiers de la longueur des deux premières branches sous-mères, qui ont alors une direction verticale, pour leur faire prendre de la force. On taille ensuite le rameau de prolongement du milieu, à 15 centimètres au-dessus de son point d'attache, en conservant toujours, pour servir au prolongement, un œil placé sur le devant, afin que la place de la coupe soit toujours du côté du mur. La coupe se trouvant cachée, l'arbre a toujours un meilleur aspect. Pour les branches charpentières, on prend aussi, de préférence, un œil de devant sur chaque branche, afin que la coupe se trouve cachée par l'effet de la pousse et également protégée par le mur. Quant au scion du milieu qui constitue la branche de prolongement, on le taille toujours très-court, à moins que les arbres ne soient plantés dans une terre riche en propriétés végétales : lorsqu'il en est ainsi, on peut tailler long et pratiquer l'éborgnage et les incisions pour laisser prendre de la force aux deux premières branches sous-mères. Elles-mêmes étant taillées très-longues, ont grand besoin de force pour le développement et l'extension qu'elles sont destinées à prendre. Les boutons latéraux qui se développent sur la longueur de ces jeunes branches, sont pincés successivement à mesure que les bourgeons atteignent 10 centimètres au-dessus des deux premières feuilles. Ce pincement, lorsqu'il est fait avec intelligence, a pour objet de constituer les bourgeons pincés en ramifications fruitières. On continue à développer l'arbre en choisissant, comme nous l'avons fait pour la première année, deux yeux bien placés, c'est-à-dire situés toujours autant que possible de chaque côté, pour former la deuxième série de branches sous-mères, et le troisième œil, un peu au-dessus et en devant, pour servir de nouveau à la branche de prolongement. De même aussi que pour la première année, il ne faut jamais cesser de veiller, pendant tout le cours de la végétation, à ne pas perdre cet équilibre parfait qui doit toujours exister parmi les branches, sans négli-

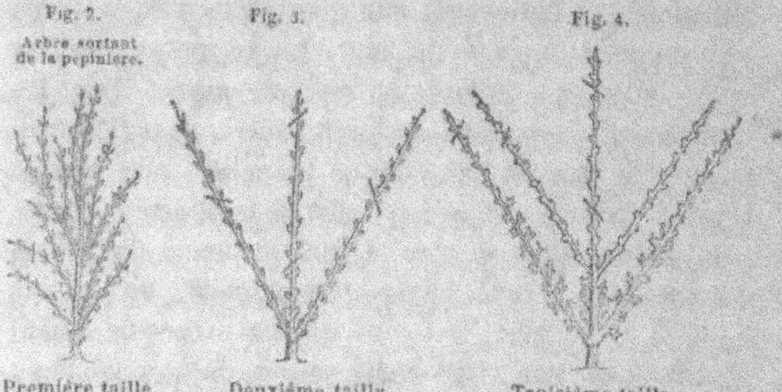

ger le pincement quand il est nécessaire, et sans oublier de détruire, principalement sur le derrière des branches, les bourgeons inutiles qui s'y développeraient. Par ces moyens ou précautions employés à temps, on est certain de favoriser la végétation qui, à cette époque surtout, demande des soins attentifs.

Troisième taille. On continue d'opérer la taille comme il a été fait précédemment, c'est-à-dire qu'on retranchera le tiers de la longueur des branches sous-mères, et qu'on coupera le prolongement de la tige à 45 centimètres de la taille précédente[1], en conservant toujours trois yeux, les mieux placés, pour obtenir un

(1) Cette taille courte se pratique sur des arbres peu vigoureux, et d'après les meilleures méthodes connues, mais je ferai connaître plus loin la manière dont j'élève et taille les branches charpentières sur des arbres vigoureux.

antre étage de branches sous-mères, ainsi que le rameau du milieu pour former le prolongement. Les soins à donner sont les mêmes que ceux de l'année précédente.

Quatrième taille. Les soins à administrer sont les mêmes que l'année dernière. Chaque année, les branches sous-mères sont soumises au même traitement, avec la précaution de favoriser les ramifications fruitières. Il faudra toujours bien surveiller les bourgeons ou les branches, afin que l'équilibre ne fasse jamais défaut, autrement il existerait des désordres dans l'harmonie de la charpente, qu'il ne serait pas facile de corriger. Il ne faut pas non plus oublier de pincer tous les bourgeons provenant des yeux latéraux qui se seraient développés sur les branches sous-mères, lesquelles, sans cette opération du pincement, se transformeraient à bois avec trop de force ; car il faut bien comprendre que les jeunes bourgeons les plus faibles sont les meilleurs comme productions fruitières. Si donc ils voulaient s'emporter, il suffirait de les arrêter sur les deux ou trois premières feuilles au-dessus de leur naissance sur les branches qui les portent, lorsqu'ils ont atteint 10 à 15 centimètres de longueur. Généralement ces faibles bourgeons se constituent d'eux-mêmes en rameaux fruitiers, il faudra donc les respecter à la taille ; ils sont très-faciles à reconnaître à leur empâtement bourrelelé sur les branches charpentières. Ces productions fruitières naissent toujours vers le tiers des branches sous-mères, et jusque vers l'extrémité. Si , par hasard , ces jeunes rameaux se mettaient à fruit avant la deuxième ou la troisième année de leur naissance, et sans que l'on eût pratiqué au-dessus d'eux ni levée, ni incision, ni déchirure à leur base, ce serait un indice que l'arbre

est malade. Pour les bourgeons qui ne se développeraient pas, comme je viens de l'observer en parlant des
rameaux à fruits, on les transformerait à fruit par le
pincement comme je l'ai indiqué plus haut. S'ils repous-
saient un ou deux nouveaux bourgeons à l'endroit où
le pincement a été exercé, les nouveaux bourgeons
seraient des bourgeons anticipés, qu'il faudrait pincer à
leur tour lorsqu'ils auront atteint 10 centimètres. Ces
retranchements partiels ont pour effet d'amuser la sève,
qui rétrograde dans les yeux inférieurs placés à l'aisselle des feuilles; ces derniers s'arrondissent et se mettent à fruit : tandis que si on pinçait en temps inoppor-
tun à une trop grande distance, la sève, attirée avec
force dans les parties supérieures des bourgeons, abandonnerait les yeux placés à la base, et retarderait la
fructification. En outre, les branches charpentières
poussent plus vigoureusement. On continue à pincer
tous les jeunes bourgeons qui voudraient s'emporter, et
on les transforme en boutons à fruits.

Tout ce que je viens de dire s'explique à merveille
et rien n'est plus facile à comprendre. En effet, si la
sève se porte abondamment dans certains endroits de
l'arbre, notamment dans les yeux supérieurs où elle
trouve une issue, on a la certitude d'une trop grande
abondance de sève dans cette partie de l'arbre qui, en
se l'appropriant, non-seulement détruirait les yeux
latents placés à la base des rameaux, mais encore
aurait pour conséquence de mettre le désordre dans
toute la charpente. A l'époque de la taille, on est obligé
de rabattre ces pousses gourmandes, qui ont pris un
fort empâtement séveux sur les branches charpentières
et produisent mauvais effet, parce que le pincement n'a
pas été fait.

Si l'on avait oublié de pincer quelques-unes de ces branches de destruction, on pourrait, au moyen de la greffe, les changer en rameaux à fruit. Il suffit, au mois d'août, de placer à la base de ces rameaux gourmands un ou deux boutons à fruits que l'on greffe en écusson à œil dormant. Lorsque la reprise est assurée, on rabat au niveau de la greffe, qui constituera elle-même le rameau fruitier. Mais la coupe de ces rameaux gourmands ne se pratique qu'au moment de la taille d'hiver qui suit l'opération.

On peut aussi pratiquer sur ces rameaux gourmands le cassement partiel, qui produit également un bon effet. Cela se fait lorsque ces scions ont atteint 10 à 15 centimètres de longueur. Si, au lieu de faire un cassement partiel, on coupait entièrement le jeune bourgeon, c'est-à-dire sur les deux premières feuilles, la sève refoulée se trouverait trop abondante dans une limite trop étroite, et ferait développer les yeux placés à la base en branches à bois, ou branches anticipées, ce qui occasionnerait encore un effet désagréable. Le cassement partiel consiste à ne pas supprimer entièrement le bourgeon, comme on le fait pour le pincement qui est une suppression totale. Il suffit de casser le bourgeon et de le laisser en cet état suspendu à la branche qui le porte. Cette opération du cassement partiel a pour effet de ralentir l'action d'une sève surabondante ; ce fluide ne circule plus que par l'écorce qui retient le bourgeon, et il en passe beaucoup moins qu'avant l'opération. Le bourgeon cassé ne meurt pas ; il est alimenté par le peu de sève qu'il reçoit, et les yeux de sa base en reçoivent une quantité suffisante pour s'arrondir et se mettre à fruit.

Si le premier cassement ne suffit pas, on le réitère ; si, malgré la deuxième opération, la vigueur devient encore trop grande, on procède toujours de la même manière. Il arrive quelquefois que les yeux qui se développent tout à fait aux extrémités finissent par s'allonger ; on les pince à huit ou à dix centimètres au-dessus du deuxième cassement. A cette époque, on ne craint plus l'abondance de sève, parce que la saison est avancée et que les yeux, transformés en boutons à fruits, sont bien mieux formés. A la taille suivante, on rabattra au-dessous du premier cassement où sont constitués les boutons à fruits. Les boutons qui se transforment d'eux-mêmes à boutons à fruits sur les branches charpentières, ne sont pas taillés. On les laisse fructifier, et, la deuxième année, on a de jeunes lambourdes bien conformées. Il suffit d'entretenir ces lambourdes le plus près possible de la branche de charpente. Le fruit qui y viendra n'en sera que plus beau, par la raison que, la sève n'ayant que peu de parcours à faire, la fructification n'en sera que plus favorisée. Il existe quelquefois une petite rosette de feuilles à la base des rameaux à fruits. Cette rosette constituera encore des rameaux à fruits. Quant aux petits rameaux qui se transforment en dards, il ne faut pas non plus les tailler : ils se constituent d'eux-mêmes en rameaux à fruits.

On voit aussi, de temps en temps, que les yeux placés en avant de la branche de prolongement prennent, par suite de leur position avantageuse, un trop fort développement qui pourrait diminuer les productions fruitières sur l'étendue de la branche. Alors on a soin de la pincer très-court, et des yeux stipulaires

sortiront deux petits scions dont le plus vigoureux sera
supprimé. On pincera l'autre qui se portera facilement
à fruits. En agissant ainsi, on aura des arbres bien
constitués, une charpente bien établie et du fruit sur
toute l'étendue. Toutes les branches latérales doivent
être garnies de lambourdes et de boutons à fruits,
excepté l'œil terminal, qui, au contraire, doit continuellement pousser à bois pour l'accroissement de
l'arbre. En employant les moyens que je viens d'indiquer, on est certain de réussir. S'il y avait défaut de
végétation, il faudrait découvrir les racines de l'arbre :
une fois les plus grosses racines mises à nu, on pratique avec l'égohine une incision, et même plusieurs,
sur chaque racine, à des points différents. Cette manière de procéder pourra paraître ridicule aux personnes peu initiées à l'étude de la physiologie végétale,
mais elle n'en a pas moins des résultats satisfaisants.
La raison en est bien simple. Lorsque les dents de
l'égohine pénètrent jusque dans les vaisseaux utriculaires de la racine, il en résulte une plaie causée par
le déchirement de l'instrument. A chaque incision pratiquée, il se forme un bourrelet lors de la cicatrisation,
et de nouvelles racines s'en échappent. Aussitôt leur
apparition, elles puisent avec force les matières nutritives contenues dans la couche végétale. Ce nouveau
chevelu ne tarde pas à amener, par l'absorption, la
sève nécessaire à la santé et à la vie de l'arbre. Si on
ne réussissait pas par ce moyen, c'est que l'arbre serait
planté dans un milieu impropre à son essence; par
conséquent on aurait recours aux moyens que j'ai
indiqués à l'article plantation.

Les branches du poirier doivent être obtenues à 14

centimètres les unes des autres entre chaque étage. Elles
doivent être, comme je l'ai dit plus haut, bien opposées
l'une à l'autre au moyen du pincement, ou des yeux
combinés à cet effet. On aura soin, aussitôt que les
premières branches sous-mères auront acquis le développement qu'on leur aura limité, de les palisser horizontalement. On fera de même pour les supérieures, au
fur et à mesure qu'elles prendront de l'extension. Voici
ce que l'on doit observer dans la direction des branches : les deux premières branches sous-mères, une
fois formées, seront palissées horizontalement ; les
deux autres branches au-dessus seront tenues un peu
plus verticalement ; et ainsi de suite des autres, jusqu'à ce que l'arbre soit entièrement formé. La direction horizontale s'applique donc aux branches formées,
tandis que la direction verticale se pratique pour tirer
la sève dans les branches supérieures, qui sont attachées plus tard comme les inférieures, lorsqu'elles ont
acquis le développement nécessaire.

Palmette double à branches renversées.

La forme dite *palmette double à branches renversées*
ou *à branches horizontales*, est très-gracieuse. Elle fait
un très-bel effet quand elle est appliquée avec principe
le long d'un mur. Cette forme est aussi facile à obtenir
que la forme dite palmette simple que nous connais-
sons, à l'exception de quelques légères modifications
dans la charpente.

Les produits fruitiers s'obtiennent par les mêmes
procédés que dans les autres formes, et dans toutes les
espèces d'arbres poiriers. On devra toujours chercher
les moyens d'obtenir sur les branches charpentières
des dards, des lambourdes, qui constituent les fruits,
ne laissant, comme dans toutes les autres formes, que
les yeux les mieux disposés pour fournir des branches
symétriquement placées, et veillant toujours au main-

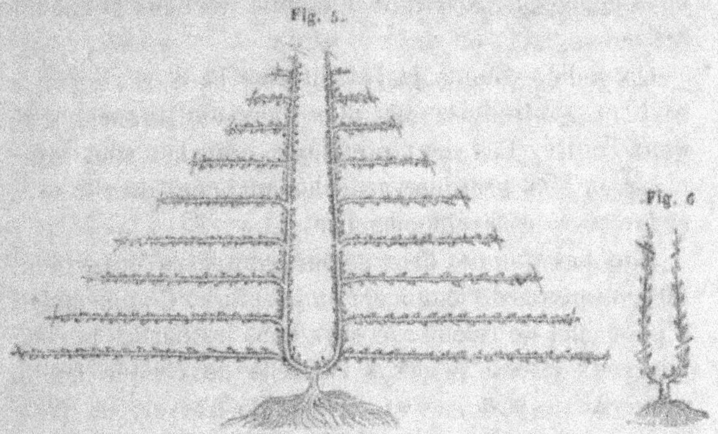

tien de ces branches, afin que l'équilibre de l'arbre ne
se trouve pas rompu. Avec ces précautions, indispensables pour avoir de beaux arbres et de beaux fruits,
la sève se trouve distribuée plus régulièrement dans
toutes les parties, et il y aura toujours plus de chance
de récolter des fruits, tout en assurant à l'arbre une
plus longue existence.

Lorsque l'on se propose d'établir une double palmette, on taillera le jeune arbre comme on l'a taillé
dans la simple palmette, c'est-à-dire, que l'on rabattra
l'arbre pris dans la pépinière à 25 ou 30 centimètres au-
dessus de la greffe. On choisira ensuite deux yeux, un

de chaque côté du chicot, à la base, pour former les deux premières branches de charpente. On n'a pas besoin, comme dans la palmette simple, de conserver trois yeux, puisque deux suffisent pour former les deux branches mères, ou membres verticaux intérieurs. Il faut, autant que possible, prendre les yeux les mieux placés, c'est-à-dire, les mieux opposés, soit à la taille, soit au pincement. Ces deux yeux, combinés lors du développement, serviront à établir les deux branches mères

On veille, comme je l'ai dit plus haut, à ce que la sève ne s'introduise pas plus dans une branche que dans l'autre. Ces deux premières branches sont attachées en V et presque verticalement, pour tirer la sève et favoriser le développement.

Une fois que ces deux scions conservés ont atteint 60 centimètres de longueur, on les pince. Ce pincement a pour effet de refouler la sève dans les parties basses. Les yeux latents placés à l'aisselle de chaque feuille prennent de la force, et, à la taille d'hiver, on taille assez long. Tous les yeux, bien conformés par la sève qu'ils ont reçue pendant leur première période de végétation, se développent avec vigueur en bourgeons qui servent à établir trois ou quatre séries de branches charpentières dans une année. Si on ne pinçait pas ces bourgeons vigoureux, la sève ne tarderait pas à abandonner les yeux de la base, et il serait impossible à la taille d'obtenir des branches de charpente où l'on en a besoin pour faire un arbre dont toutes les branches doivent être régulières, malgré l'incision et l'éborgnage, que je ne tarderai pas à faire connaître.

On apportera les mêmes soins à enlever les bourgeons qui se développeraient à la base ; car si on les laissait croître, ils absorberaient la sève des branches qu'il faut soigner. Les deux premières branches venues des deux yeux conservés et qui, plus tard, constitueront les deux mères-branches, ne seront fixées au treillage que lorsque la végétation se ralentit, c'est-à-dire vers la fin du mois d'août. On devra ne pas trop les serrer. On les laisse dans cet état jusqu'au moment de la taille. A cette époque, on détache les deux branches et on les taille comme je viens de l'indiquer.

Si le jeune arbre ne poussait pas avec vigueur, on le taillerait d'une autre manière, c'est-à-dire assez court, afin que les yeux conservés puissent donner des branches assez fortes sans dénuder l'arbre. On les taillerait ainsi à 15 ou 20 centimètres au-dessus de leur point d'insertion, en conservant un œil de chaque côté de ces branches, et un autre œil sur le dessus de chacune d'elles.

Les deux premiers yeux combinés et opposés serviront à former les deux premières branches sous-mères. Les deux autres yeux, placés au-dessus et sur le devant, serviront à former les membres verticaux intérieurs, ou prolongement de la charpente.

Lors de la troisième taille, on examinera le jeune arbre, qui devra être muni de deux premières branches sous-mères et de deux branches de prolongement. Cette année-là, il faudra pratiquer la taille afin d'obtenir une seconde série de branches sous-mères, ainsi que les deux yeux adventifs pour prolonger les deux membres verticaux intérieurs.

En examinant le jeune arbre, on reconnaîtra sa force végétative, puis on le taillera.

Les deux premières branches sous-mères seront allongées, selon leur force, et on ne taillera que le tiers de leur longueur; tandis que les deux membres de prolongement seront taillés beaucoup plus court, en réservant toujours les yeux convenables pour former une autre série de branches.

Ces yeux combinés de chaque côté serviront à établir une deuxième série de branches sous-mères, et les deux yeux placés sur le devant serviront à prolonger les deux membres verticaux intérieurs.

Les deux scions verticaux résultant des deux yeux adventifs, seront surveillés pendant tout le cours de leur période végétative, afin qu'ils ne prennent pas trop de sève au détriment des deux branches sous-mères. Pour corriger ces défauts, s'ils survenaient inaperçus, on aurait recours aux moyens que j'ai déjà indiqués.

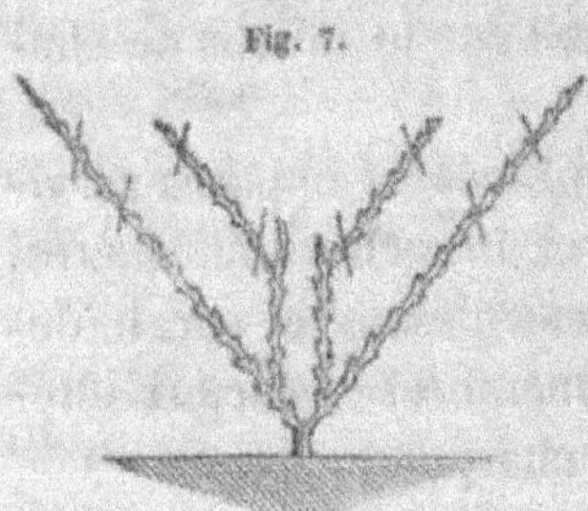

Fig. 7.

Quant au développement des yeux de chaque côté qui doivent se développer en jeunes scions, on les favorisera en les laissant croître en liberté, afin qu'ils acquièrent la force nécessaire à la place qu'ils doivent occuper. On les courbera légèrement au ralentissement de la sève, comme nous l'avons fait à la troisième année de végétation. Il est aussi essentiel de ne pas faire subir la légère torsion trop tard aux deux jeunes branches, car si l'on attendait qu'elles ne soient plus à l'état herbacé, on pourrait les casser et porter préjudice à la régularité de la charpente. On prendra soin de constituer des rameaux à fruits sur les branches obtenues, en pratiquant le pincement comme je l'ai indiqué sur les bourgeons à bois.

Dans le cours de la cinquième année végétale, l'arbre présentera trois branches sous-mères de chaque côté.

Pendant l'été, on donnera les mêmes soins que ceux que j'ai conseillés pour les années précédentes.

Fig. 3.

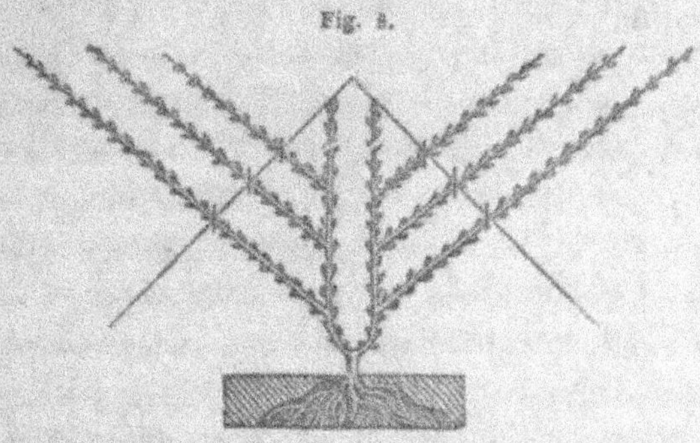

A la taille suivante, on se servira des mêmes procédés de taille, c'est-à-dire, que l'on conservera toujours les mêmes yeux indiqués plus haut, et de la même manière chaque année, jusqu'à ce que le mur soit garni, et que l'arbre ait rempli la place qu'il doit occuper. Ensuite on attachera toutes les branches, afin de leur faire prendre une position horizontale bien régulière.

Cette manière de travailler, quoique assez minutieuse, est très-facile, et quand elle est bien observée on obtient de très-beaux arbres.

———

Palmette à branches croisées.

L'arbre représenté par la figure 9 est un poirier établi en *palmette double à branches croisées*, et qui, d'après ma méthode, est dans sa septième année de végétation.

Fig. 9.

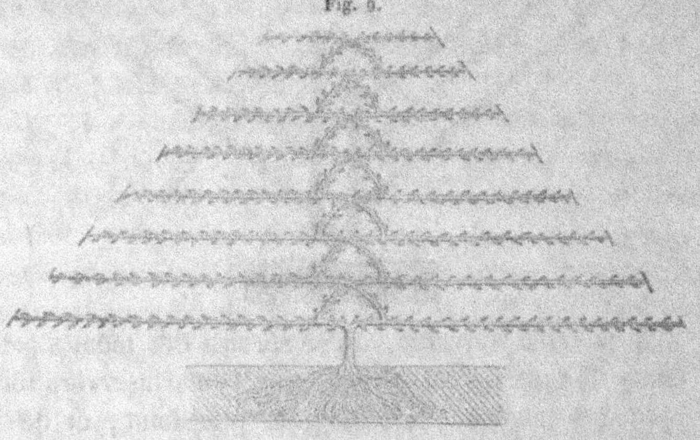

Cette forme est aussi belle que les précédentes; mais elle est beaucoup moins pratiquée, à cause des difficultés que beaucoup de praticiens ne peuvent surmonter, et surtout à cause de la sève dont ils ne peuvent pas toujours se rendre maîtres pour la diriger convenablement partout où il convient de la faire arriver. Cette forme, applicable à toutes les essences fruitières cultivées en espalier, exige des connaissances positives de la physiologie végétale, et principalement de l'organisation intérieure des arbres fruitiers soumis au principe de la taille. Ici les branches se trouvent prises les unes sur les autres et demandent toute l'attention de l'arboriculteur. Si on néglige de courber les branches au moment favorable, on ne tarde pas à les voir se tourner en branches gourmandes qui détruisent celles de dessous. Celles-ci se dépendent de leurs ramifications fruitières, et ne tardent pas à périr. Néanmoins, par les soins que je vais conseiller, on reconnaîtra que cette forme, et beaucoup d'autres encore plus difficiles, conduites par une main intelligente, peuvent très-bien s'obtenir, en admettant toutefois que l'arbre soit vigoureux, car avant tout il faut de la végétation.

Première année. On pourra opérer, comme toujours, sur des arbres d'une année ou deux de greffe. L'arbre sera rabattu, une fois repris, à 25 ou 30 centimètres au-dessus de la greffe. On n'oubliera pas que cette première coupe ne se fait que lorsque l'arbre est bien repris, c'est-à-dire au bout d'un an qui suit la plantation. Il est bien entendu qu'on aura conservé deux yeux à la base, les mieux constitués et en face l'un de l'autre le plus possible. Lorsque ces deux jeunes branches se seront développées, on les traitera comme nous l'avons dit et répété plus haut, avec grande précaution de ne pas laisser échapper cet équilibre parfait pendant le cours de cette première année.

Deuxième année. Au bout de cette première année de pousse, on taillera, aux deux tiers du développement, les deux jeunes scions, et on ne les abaissera que tant soit peu, parce qu'ils auront besoin de force pour occuper la place qui leur est assignée. Pendant la deuxième année, on constituera les ramifications fruitières par les moyens indiqués ailleurs, et sans obtenir une autre série de branches, car il faut, avant tout, constituer largement ces deux premières branches, qui ont besoin de force pour supporter celles qu'elles devront produire l'année suivante au-dessus d'elles.

Troisième année. Les deux branches ayant absorbé toute la sève qu'elles ont reçue des racines, et ayant dû prendre un fort développement, doivent être taillées un peu à l'extrémité, selon leur force ; ensuite on les laisse dans cet état jusqu'au moment où tous les bourgeons sont développés, ce qui a lieu au mois de mai. On choisit alors, à la base de ces deux premières branches, deux scions les plus vigoureux, en ayant soin toutefois qu'il n'y ait que 20 à 25 centimètres de distance de l'un à l'autre, afin de faire une charpente qui ne laisse rien à désirer. Au mois de juin suivant, ces deux bourgeons seront assez allongés pour que l'on puisse les courber, c'est-à-dire les croiser en attirant celui de droite à gauche et celui de gauche à droite. Ces deux jeunes scions, destinés à former deux nouvelles branches, seront fixés à 20 ou 25 centimètres au-dessus des branches précédentes. On les laisse dans cet état pendant tout le cours de la saison, en ayant soin qu'ils ne s'emportent pas, car alors l'arbre serait manqué. On corrigerait cependant ce défaut au moyen de l'arcure et du pincement.

L'arbre que représente la figure 10, soumis à la for-

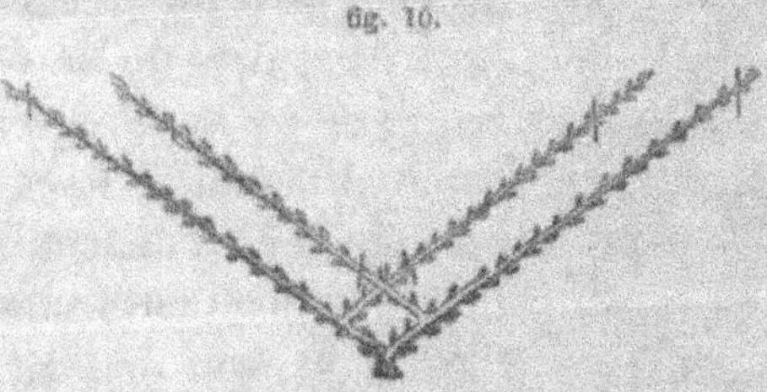

fig. 10.

me dite *palmette double à branches croisées*, est dans sa quatrième année de végétation ; c'est-à-dire qu'il est à sa quatrième taille. Lorsqu'on a opéré cette dernière taille, on a combiné et conservé deux yeux sur chaque branche : un de chaque côté, sur la torsion, le plus en face possible, et on a le bout de chacune de ces jeunes branches pour continuer le prolongement. On laisse en liberté les deux scions provenant de ces yeux conservés sur les branches de prolongement, pour qu'ils acquièrent de la force ; les autres sont, au contraire, courbés aussitôt qu'ils ont atteint assez de hauteur ou de longueur, pour les raisons que j'ai déjà données et qu'il serait fastidieux de répéter. On traite les rameaux qui ont poussé sur la longueur des branches, pour les constituer à fruits. Lorsque la sève se ralentit, on attache ces deux dernières branches, sans trop les diriger horizontalement. Cette position ne leur est donnée qu'à leur deuxième année de pousse, car auparavant et jusqu'à ce moment-là, elles doivent être attachées presque verticalement pour prendre de la force.

L'année suivante, on continue à tailler comme précédemment, en laissant deux yeux placés à propos pour continuer de nouvelles branches. Le même travail s'opère jusqu'à ce que l'arbre ait rempli la place qu'on lui a tracée.

Cette forme n'est pas plus difficile que les autres, mais elle demande plus d'attention à l'égard de la sève, qui cherche toujours à dominer d'une manière inégale, ce qu'il ne faut pas permettre. Lorsqu'on commence la charpente d'un arbre, on pourra, s'il est vigoureux et doué d'une grande force végétative, obtenir quatre branches chaque année de végétation, dans la double comme dans la simple palmette, c'est-à-dire deux séries de chaque côté de la branche de prolongement. Mais pour cela, il faut être sûr de la bonne constitution de l'arbre et de la sève qu'il pourra fournir, pour accélérer sa marche et garnir un mur en peu de temps.

Cette dernière série de branches s'obtient au moyen d'un pincement, lorsque les scions de prolongement sont à l'état herbacé.

Quand les yeux combinés, comme, par exemple, dans la palmette simple, se sont débourrés, ils produisent les deux branches dont on a besoin, et il suffira de les laisser croître. Pour le scion qui doit pousser sur la branche verticale, ou branche de prolongement, lorsqu'il sera arrivé un peu au-dessus du point où il faudra une autre série de branches, on le pincera sur trois yeux, ainsi qu'on l'observe pour la taille. Ce scion arrêté pendant le cours de sa végétation, la sève surabondante se trouvant resserrée dans un espace trop restreint fera développer les yeux réservés, et de nouveaux scions surviendront. On traite ces mêmes scions comme les autres branches, en veillant à leur équilibre.

Si on se proposait de faire ce travail, il faudrait opérer à temps pour que le bois ait le temps de s'aoûter, c'est-à-dire, d'herbacé devenir ligneux, afin de pouvoir pratiquer la taille, avec quelques chances, au printemps suivant.

Si on n'opérait pas assez à temps, on ne pourrait pas obtenir le résultat désiré, et l'opération exécutée trop tard porterait préjudice à la charpente de l'arbre.

Quand les moyens que j'ai indiqués sont appliqués en temps opportun, on a, le long des murailles, des arbres formés en peu d'années, et des récoltes abondantes. Mais, pour réussir, il faut que l'arbre se trouve dans de bonnes conditions. Si le jeune arbre n'offrait que des conditions d'une végétation ordinaire, il faudrait se contenter de n'obtenir qu'une branche de chaque côté par année de taille, et la branche de prolongement ou scion vertical.

Je ne conseille ces moyens de grande activité que dans le cas où la végétation le permettrait, comme, par exemple, dans les localités que j'ai pu visiter aux environs de Tournai, et à Tournai même où la végétation est admirable, surtout la végétation des arbres à fruits à pepins.

Instructions sur les boutons à fruits.

Les boutons à fruits, tout en faisant l'ornement des branches charpentières, font aussi la richesse des arbres. On doit, autant que possible, hâter leur apparition. Je vais donner, en quelques lignes, les moyens que j'emploie pour arriver à ce résultat. Les formes données aujourd'hui aux arbres fruitiers sont certainement bonnes pour la plupart, et très-gracieuses; mais, quoique ayant son mérite, la forme n'est que secondaire. Un praticien habile peut et doit combiner deux choses : la forme et la fécondité.

Voyant le découragement gagner chez les propriétaires, je me hasardai, il y a quelques années, à rompre avec tous les moyens connus jusqu'alors, et je m'en suis parfaitement trouvé, car j'obtins en quelques années ce que l'on n'obtient, par les anciennes méthodes, qu'en huit ou dix ans. J'ai dû chercher et étudier sérieusement la nature physiologique des arbres, calculer et suivre pas à pas la marche de la sève, faire de nombreuses opérations sur une quantité d'arbres de différentes essences, et à des périodes très-variées. Je suis enfin arrivé au résultat qu'il me tardait de voir se réaliser[1].

Ainsi, dans l'ordre de la nature, il faut trois années pour avoir des boutons à fruits bien conformés, sur les poiriers et les pommiers. La première année, l'œil devient dard ; la seconde, il forme une rosette, et la troisième seulement (si l'année a été fertile), il devient boutons à fruits. La nouvelle méthode que je vais bientôt faire connaître, a pour effet : 1° de transformer, la même année, les yeux à bois, nés latéralement sur les prolongements des branches charpentières et placés à l'aisselle des feuilles, en boutons à fruits ; 2° d'abréger le travail et les opérations de l'été, tels que pincement réitéré, suppression totale des rameaux inutiles ; 3° de n'éprouver aucune perte de sève qui, en s'échappant avec force des nœuds vitaux, se transforme en branches gourmandes et dénude les branches latérales de rameaux à fruits ; 4° d'éviter la confusion des brindilles, faux bourgeons inutiles au même point qu'il faut rabattre à la taille, rabattage qui est autant de sève perdue, tant pour l'accroissement de la charpente de l'arbre que pour la perte des rameaux à fruits ; toutes

(1) J'avais jusque-là enseigné la taille des arbres comme je l'avais apprise chez de savants arboriculteurs de Paris ; mais depuis, j'ai dû me former une méthode que j'ai modifiée par l'expérience, et qui est préférable à toutes celles que j'ai vu pratiquer jusqu'ici. Un de mes amis, à qui je dois beaucoup du travail des arbres, est le seul professeur en France qui traite avec avantage les arbres de cette manière.

ces confusions que l'on ne rencontre que trop souvent sur les arbres fruitiers soumis à la taille, attirent à elles toute la sève, altèrent les arbres et les amènent souvent à une fin prématurée ; 5° d'arriver rapidement à la formation de la flèche, dans les palmettes comme dans les pyramides.

Je commencerai par indiquer les moyens d'obtenir des boutons à fruits où l'on désire en avoir.

Nouveau procédé pour transformer, dans la même année, les boutons à bois en boutons à fruits.

Sur des arbres vigoureux, on peut obtenir des boutons à fruits dans l'espace de six mois, c'est-à-dire pendant le cours de la saison de la sève.

Lorsqu'un arbre est bien taillé et bien équilibré, on ne peut que craindre que les boutons placés sur les branches de prolongement se développent à bois. Pour les en empêcher, il suffit de pratiquer une incision sur le coussinet (j'y reviendrai tout à l'heure).

Par exemple, au mois de février ou de mars, je rabats un jeune arbre sans lui laisser de branches. A la première sève, il pousse de jeunes rameaux que je dispose comme branches charpentières, afin de donner une forme à l'arbre. A la fin de juillet, lorsque les rameaux sont devenus ligneux, je pratique une levée à chaque œil que je veux faire tourner à fruits. Cette levée consiste à placer la lame du greffoir au-dessus de l'œil, comme si l'on voulait faire un écusson (Voyez fig 11. *l-g*.). Je fais faire à la lame du greffoir un mouvement de va et vient, et je referme cette incision de manière à ce qu'elle ne soit pas apparente, en appuyant le pouce dessus. Par cette simple opération, on est sûr d'obtenir une réussite infaillible, et une avance de trois années, les boutons à fruits se produisant à la fin de la saison.

Pour empêcher les yeux de se développer à bois.

Pour empêcher les yeux de se développer à bois, voici comment on procède : on place la lame du greffoir

fig. 11.   fig. 12.

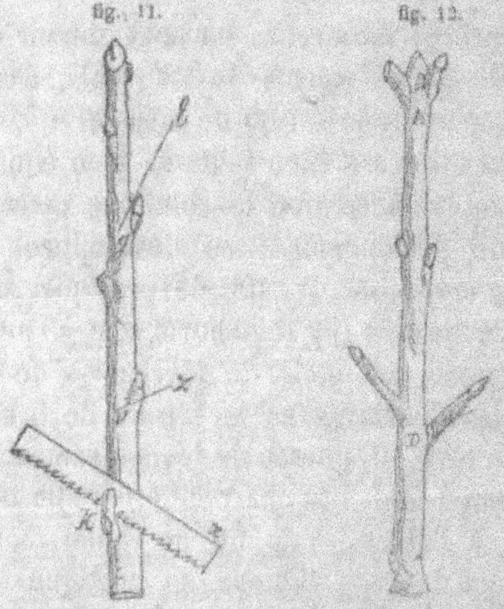

à l'endroit où est la feuille appelée guêpe; on enfonce la lame fortement comme si on voulait détacher l'œil de

la partie charnue appelée coussinet (voyez fig. 11, en
z-r) ; par ce moyen, l'œil ne s'emporte pas à bois, mais
se tourne en dards qui sont une excellente production
fruitière.

Pour réveiller les yeux endormis.

Il arrive que, lorsque l'arbre est vigoureux, on ne
craint pas de l'allonger à la taille sans avoir peur de le
dénuder ; néanmoins si l'on n'y veillait pas, beaucoup
d'yeux placés à la base des rameaux resteraient endormis. Pour les réveiller, il suffit, au moment de la taille,
de pratiquer une incision à la scie comme on peut le
voir sur la figure 11 (z-k.).

Pour mettre les dards à fruits.

Pour mettre les dards à fruits, on place la lame du
greffoir à 8 millimètres de son empâtement sur la branche, et, à partir de ce point, on l'incise par le milieu
jusqu'à la base (voyez fig. 12, *d*). On lui fait ensuite
subir une légère cassure, et, après l'opération, on le
remet en place comme si rien ne lui avait été fait.

Ces opérations sont toutes nouvelles et offrent les
plus grands avantages pour amener les arbres à la
perfection.

Nouvelle méthode pour la formation de la flèche dans les arbres fruitiers.

La plupart des propriétaires qui plantent aujourd'hui des arbres fruitiers, sont tellement pressés d'en savourer les fruits, qu'ils achètent des sujets ayant plusieurs années de pépinière, espérant, par là, obtenir en peu de temps une récolte abondante et des arbres d'une grande dimension ; mais souvent ils ne sont qu'à moitié satisfaits. Ces arbres formés, comme on dit, produisent bien des fruits ; mais ils sont d'une lenteur désespérante à former de belles pyramides ou à tapisser le mur d'un espalier.

Voici le procédé que j'emploie sur des arbres sains et vigoureux.

Dans les arbres vigoureux, je donne au rameau de prolongement de la flèche une longueur de 50 et même de 60 centimètres[1]. Je l'allonge moins, bien entendu, dans les arbres d'une moindre vigueur ; j'agis toujours suivant la force de la végétation. Si je laissais ainsi ce rameau, les quatre ou cinq yeux supérieurs se développeraient seuls ; les inférieurs ne bougeraient pas, et ma flèche se trouverait dégarnie, par conséquent, sur une longueur de 40 à 50 centimètres : c'est ce qui ne m'arrive jamais.

Pour obtenir des bourgeons à bois depuis le haut jusqu'en bas de cette flèche, et à 12 ou 15 centimètres

---

(1) La nature ne nourrit rien par atrophie ; il faut toujours laisser dépenser à un sujet la force qu'il a en lui, qu'il soit végétal ou animal : on ne doit que veiller au désordre dans l'organisation, s'il en survenait.

les uns des autres, voici ce que je fais. Je commence par supprimer tous les yeux qui, en se développant, seraient inutiles ou nuisibles à la belle conformation de mon arbre. Dans une palmette, par exemple, j'enlève tous ceux qui sont en arrière et en avant, et je respecte tous les latéraux que je veux faire développer. Cette suppression faite, j'éborgne les trois ou quatre yeux qui se trouvent au-dessous de l'œil terminal, et qui, par leur position, absorberaient une trop grande quantité de sève. Mais pour favoriser l'évolution des bourgeons de la base, cet éborgnage ne suffit pas; il faut arriver à ralentir, dans cette partie, le mouvement ascensionnel de la sève, et j'y arrive en pratiquant, avec la serpette ou le greffoir, une très-faible incision de l'écorce, au-dessus de chaque œil situé dans la partie inférieure de ma jeune flèche.

Les choses étant ainsi établies, tous les yeux conservés se développent régulièrement, même ceux de la base, et, à la place des yeux éborgnés, on voit naître ordinairement deux sous-yeux qui produisent des bourgeons dont la vigueur est en rapport avec leur position. Je supprime alors le moins bien placé, et je conserve l'autre. Ma flèche se trouve donc ainsi garnie, en une année, de huit et dix branches charpentières parfaitement équilibrées, ce qui aurait demandé, par les méthodes ordinaires, au moins trois ou quatre ans.

Si je n'éborgnais pas les yeux du sommet, moins le terminal, bien entendu, tous ces yeux produiraient des bourgeons d'un développement extraordinaire, et, malgré mes incisions, la sève appelée par eux n'aurait pu fournir qu'une très-faible nourriture aux bourgeons de la base, qui seraient grêles et peu en harmonie avec

ceux du haut. Mais, je le répète, en éborgnant les yeux
du sommet, en pratiquant une incision jusqu'au bois
au-dessus des yeux de la base, et en laissant se développer normalement les intermédiaires, c'est-à-dire
ceux du milieu du rameau flèche, on obtient de tous
les yeux des branches charpentières parfaitement équilibrées, très-rapprochées les unes des autres, mais sur
lesquelles il faut avoir bien soin de ne laisser naître ni
gourmands ni brindilles.

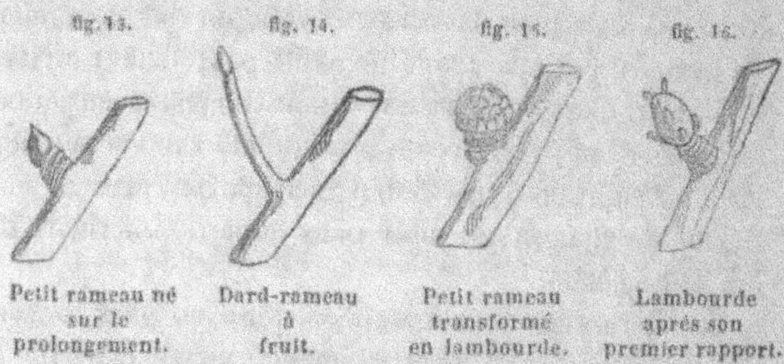

fig. 13.	fig. 14.	fig. 15.	fig. 16.
Petit rameau né sur le prolongement.	Dard-rameau à fruit.	Petit rameau transformé en lambourde.	Lambourde après son premier rapport.

Le petit rameau représenté par la figure 13, prend
naissance de lui-même sur le prolongement ; c'est le
cas le plus ordinaire. Sachant que c'est une production
fruitière pour l'avenir, on ne le taille pas. J'ai indiqué
plus haut la manière de les faire naître ; on y procédera
lorsque besoin sera.

Le petit rameau que représente la figure 14, a poussé
de lui-même sur les branches de prolongement. Cette
production prend le nom de dard. On ne doit jamais
le tailler ; on le mettra à fruit par le moyen que j'ai
indiqué.

La lambourde que représente la figure 16, dans sa
première année de fructification n'a pas non plus d'opérations à subir. A l'époque de la taille, on supprimera

seulement le mamelon spongieux où était le fruit, en le rapprochant du côté des boutons boursiers qui sont situés à la base.

Le scion vigoureux que représente la figure 17, ayant voulu se constituer en branches gourmandes, a été

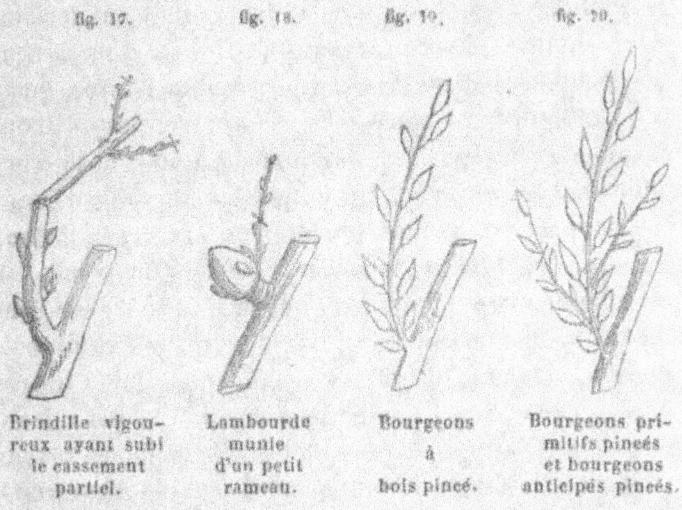

arrêté par le cassement partiel. Un double cassement a été fait pour favoriser les boutons placés à la base de ce scion, qui se seraient éteints sans cette précaution. Deux petites branches anticipées s'étaient développées à l'extrémité ; elles sont pincées à 8 ou 10 centimètres. On est rarement obligé de revenir au pincement cette année-là, parce que la saison est avancée.

La lambourde que représente la figure 18, est munie d'un petit rameau; cette petite production est le résultat du développement d'un bouton boursier excité par une surabondance de sève dans la ramification fruitière qui le porte. On rencontre assez souvent ces petits rameaux sur les lambourdes des arbres vigoureux. Ces boutons boursiers existent toujours à la base des pédoncules des fruits, c'est-à-dire à la partie supérieure de la lambourde ; ils sont placés à cet endroit comme un dépôt par la nature prévoyante, et destinés à fructifier à leur tour, lorsque leurs aînés ont terminé leur évolution, et sont devenus des fruits. Mais lorsque ces boutons, indices certains des récoltes futures, quoique parfaitement conformés, se trouvent trop abondamment nourris, ils se développent à bois, et la fructification est retardée. On y remédie à la taille d'hiver, en coupant ces petites productions exagérées à deux ou trois centimètres au-dessus de leur naissance. Il résulte de ces suppressions, que la sève se trouve concentrée dans une limite très-étroite, et, par cette seule raison, alimente les yeux conservés à la taille sur ces petits rameaux. La conformation de ces yeux étant très-faible, et les couloirs où circule le fluide séveux dans leur intérieur n'ayant que des calibres très-étroits, la sève en y parvenant est bien mieux élaborée que dans d'autres productions plus fortes, où la fougue de la sève se trouve attirée dans des vaisseaux très-larges. Ces dernières productions ne donnent que de forts rameaux à bois qui attirent toute la sève au détriment des autres productions, et ne rapportent que peu ou pas de fruits. Dans les petits rameaux, au contraire, la sève est entravée dans sa circulation ; elle subit une élaboration plus parfaite, et lorsqu'elle parvient dans les yeux elle les transforme plus facilement en rameaux à fruits.

La figure 19 est un bourgeon à bois qui pousse ordinairement vers le bout des branches latérales ou de prolongement. Il doit être pincé au-dessus des trois premières feuilles de son empâtement[1]. Si on le pinçait plus long, la sève abandonnerait les yeux latents de la base, et la fructification se trouverait retardée. En outre, de nouveaux bourgeons se développeraient ; il faudrait encore les pincer plusieurs fois, ce qui amènerait des têtes de saules, des bifurcations et très-peu de fruits. On serait forcé de rabattre à la taille toutes ces bifurcations, et il ne resterait plus, au-dessous de la section, que des yeux mal conformés et quelquefois éteints par l'insuffisance de la sève reçue. Le pincement court a pour effet de faire développer les yeux stipulaires, qui souvent, dans la même année, donnent des rameaux à fruits ou des dards couronnés.

La figure 20 représente un bourgeon à bois pincé primitivement comme celui de la figure 19. La sève ayant repris son cours ascensionnel, a fait développer les yeux latents placés à l'aisselle des feuilles. Ces nouveaux bourgeons sont des bourgeons anticipés, qu'il faut pincer comme on a pincé celui qui les porte. La sève, se trouvant contrariée et amusée à cet endroit, rétrograde dans les yeux stipulaires de la base, qui s'arrondissent et se mettent à fruits.

Lorsque les pousses de prolongement se développent avec vigueur, les yeux latéraux placés à l'aisselle des feuilles, et qui ne devaient se développer que l'année suivante, se développent à bois la même année. On les palisse, et, à la taille, on les rabat sur les yeux stipulaires.

---

(1) Les bourgeons sont pincés au-dessus des trois premières feuilles, lorsqu'ils ont atteint 15 ou 20 centimètres de longueur.

Depuis dix ans, je pratique le pincement de cette
manière et je m'en suis parfaitement trouvé. J'ai toujours eu beaucoup de fruits, placés très-près des branches de charpente. Ils deviennent très-gros, par cette
raison que, la sève n'ayant autre chose à alimenter que
du fruit, et n'ayant que très-peu de parcours à faire
pour arriver jusqu'à lui, il en résulte que, tout en
assurant une récolte magnifique, on a des branches de
charpente toujours belles et lisses, où la sève circule
avec facilité. Les prolongements poussent avec vigueur,
et garnissent un mur en peu de temps. On assure
aussi, de cette manière, une plus longue existence aux
arbres fruitiers.

Forme dite pyramide.

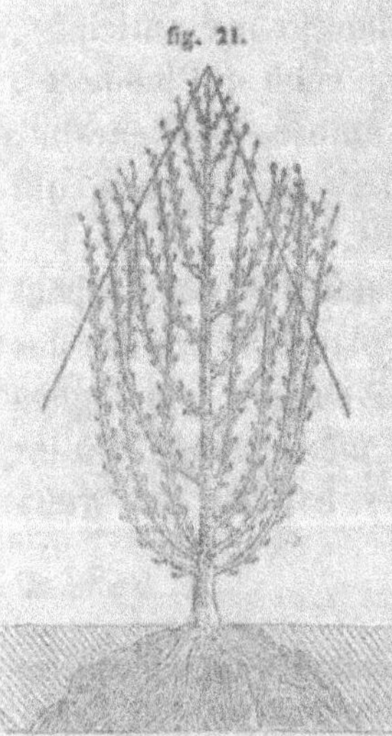

Dans cette forme, il ne faut
couper que le tiers de la longueur, pour les branches poussées à la base ; que la moitié,
pour les secondaires ; que les
trois quarts, pour les plus éle-
vées. Le jeune poirier en forme
pyramidale que représente la
fig. 21, se rabat, la première
année qui suit la plantation, à
30 ou 35 centimètres du sol. On
laisse développer les yeux latéraux conservés pour constituer
la première série de branches.

Lorsque les bourgeons seront développés, on en choisira six des mieux placés, auxquels on laissera prendre toute activité. Sur le devant de la coupe, on a réservé un œil pour former la flèche ou branche de prolongement, comme rameau terminal. On ne négligera aucun des moyens déjà mentionnés pour maintenir l'équilibre, ainsi que je l'ai dit pour les espaliers. La deuxième année, on procédera à la taille, afin d'obtenir une autre série de branches latérales. On coupera le rameau terminal à 35 centimètres au-dessus de la taille précédente; seulement on choisira un bouton pour le prolongement, lequel bouton se trouvera situé à l'opposé de celui de l'année précédente. On continuera de faire de cette manière. Quand la pyramide est formée, elle a une position très-droite que l'on n'obtiendrait pas en agissant autrement. Ainsi donc, si l'on a choisi et accepté un bouton placé sur la gauche de la tige, l'autre année on en choisira un placé sur la droite, et successivement de même chaque année. Ce point important, qui n'est pas observé dans bien des localités, est pourtant indispensable pour obtenir des pyramides bien formées. De plus, cette opération, exécutée de cette façon, aide encore la sève à se répandre plus exactement dans toutes les parties de l'arbre.

On aura soin de faire attention au développement des bourgeons pour former les ramifications fruitières des branches les premières obtenues, ainsi qu'au développement des autres bourgeons pour former une autre série de branches, lesquels bourgeons auront été, comme l'année précédente, choisis au nombre de cinq ou six.

La troisième année, comme pour les années précédentes, on favorisera le développement de ces premières séries de branches. Les rameaux obtenus l'année précédente, se taillent courts ; les inférieurs, ceux qui viennent de la base, se taillent presque au bout de leurs extrémités, et les plus élevés se taillent les plus courts de tous, afin de donner de la force aux branches de la base qui pousseront avec plus de promptitude. La quatrième année, on commence à changer le principe qu'on a suivi jusqu'à cette troisième taille.

Il suffira de rabattre les branches de la base en les taillant un peu plus courtes qu'on ne l'a fait les années précédentes, et les branches obtenues de l'été, c'est-à-dire à la superficie, se taillent plus longues afin de donner à l'arbre une forme pyramidale, que l'on obtient facilement par ce moyen.

Il est inutile d'allonger davantage les branches de la base, car à cette quatrième année elles approchent du point convenable pour la forme et l'harmonie que l'on doit désirer de l'arbre. Elles ont acquis assez de longueur et assez de force pour la place où elles sont.

On opère, à la cinquième taille, comme on a fait pour la quatrième, en allongeant plus les scions du haut que ceux de la base, pour les raisons qui ont été données déjà. Les branches de la base sont maintenues et taillées courtes, c'est-à-dire un peu pendant toutes les années suivantes, jusqu'à ce que l'arbre soit formé et représente la figure 24.

Les branches de la base qui se courberaient trop vers le sol, à cause du poids de leur longueur, seraient dressées et maintenues afin que l'arbre prenne une bonne forme, et afin d'éviter la confusion que pourraient occasionner plusieurs branches entre elles.

Si l'arbre se trouvait planté dans des conditions tout à fait avantageuses sous le rapport de la nature du sol, on lui laisserait prendre de l'extension en ayant soin de maintenir un parfait équilibre par les mêmes moyens que pour les poiriers en espaliers, c'est-à-dire en courbant les branches fortes qui tenteraient de s'emporter, et en laissant au contraire en liberté les faibles, que l'on ne raccourcirait que très-peu à la taille, tandis que les branches fortes, qui chercheraient à dominer et à détruire la régularité et la beauté de l'arbre, seraient taillées plus courtes, c'est-à-dire, que de plus longs morceaux de branches seraient enlevés. Si dans un autre cas quelques branches se développaient trop faiblement (souvent même, cet inconvénient arrive à la base de l'arbre), on pratiquerait une incision au-dessus de l'œil que l'on voudrait obtenir pour former une branche.

Si, malgré tous les moyens que j'ai indiqués (ce qui arrive rarement), quelques branches latérales se trouvaient dégarnies de ramifications fruitières, on y poserait, lors de la sève d'août, des écussons ou bien des boutons à fruits. On réussira ainsi à combler les lacunes. Mais quand on sait pratiquer les procédés d'incisions, pincements et autres soins, on empêche ces inconvénients de se produire.

La figure 22 représente une palmette simple, où il existe une irrégularité qu'il est utile de combler. Une des branches latérales, appartenant à la quatrième série, a besoin de sève. Si l'arbre est vigoureux, on pourra, au moyen d'une incision pratiquée au-dessus du point où elle a pris naissance, lui faire arriver la sève dont elle a besoin. Plus la branche est faible et l'arbre vigoureux, plus l'incision doit être faite profonde. On ferait le contraire si l'arbre était faible.

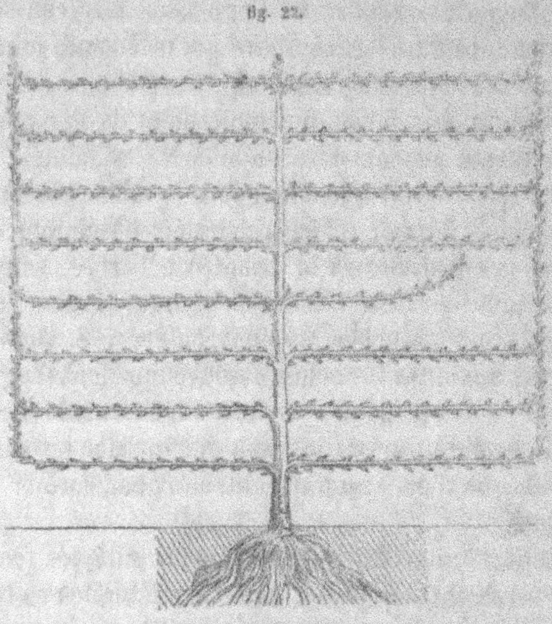

fig. 22.

Quelquefois il y a sur les branches latérales des yeux endormis. Pour les réveiller, on procède comme c'est indiqué à la figure 11.

La figure 23 représente un poirier pyramide dans sa sixième année de végétation. On continuera, chaque année, les mêmes soins que précédemment, en taillant les branches qui naîtront dans le haut plus longues que les branches formées de la base, jusqu'à ce que l'arbre soit arrivé à son entière formation. Enfin pour représenter une belle pyramide formée, il faut que, pour 20 pieds de hauteur, elle ait à sa base environ 2 mètres de diamètre, c'est-à-dire à peu près un tiers de sa hauteur.

Il ne faut pas oublier, quand on pratique la taille, qu'il est nécessaire que les yeux combinés soient toujours placés de manière à pouvoir favoriser cet accord parfait qui doit toujours exister pour la beauté de l'arbre. Si, par exemple, on avait besoin que la branche vînt vers la droite, on choisirait un œil de ce côté ; on

fig. 23.

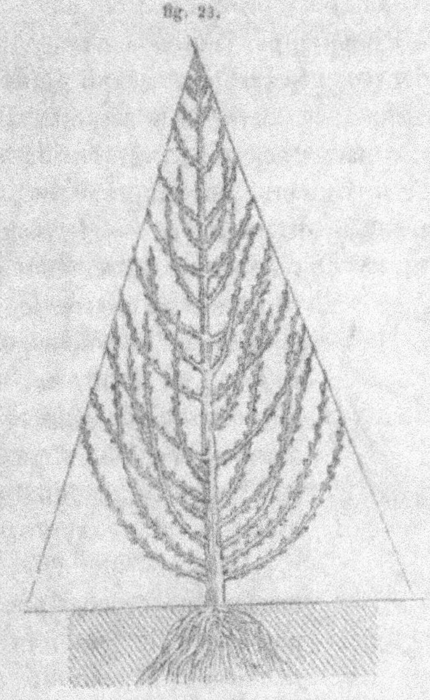

agirait de même pour avoir une branche à gauche. La coupe de la taille se fait en biseau bien prononcé, et non horizontale comme le font beaucoup d'arboriculteurs praticiens. Je recommande de ne pas se laisser aller à ce préjugé de ne pas tailler trop près de l'œil, de crainte de l'éventer ; ceci est raisonner sans connaissance de la taille. Je dis, au contraire, de couper en biseau, et très-près de l'œil, sans cependant attaquer les fibres ; et lorsque la coupe est faite comme je l'indique, les branches poussent plus régulièrement et avec beaucoup plus de force ; la section se recouvre aussi avec une plus grande facilité, de sorte que, lorsque l'opération est bien faite, on peut à peine distinguer l'endroit où l'on a pratiqué la taille.

Depuis déjà longtemps, j'entends beaucoup de personnes qui déprisent le sécateur, et qui préfèrent, pour tailler leurs arbres, se servir de la serpette. Il est bien certain que les personnes qui se servent de préférence de ce dernier instrument, ne comprennent pas la manière de se servir du premier. — Je donne ici la manière dont on doit se servir du sécateur (fig. 24).

fig. 24.

Au lieu de placer la lame en-dessous et le crochet en-dessus, il faut, au contraire, placer la lame en-dessus et le crochet en-dessous. Il suffit d'essayer, et il sera facile de reconnaître la manière la plus avantageuse. La première, faisant faire un saut brusque au crochet pour le faire passer sur la lame, produit une déchirure ; la seconde, ramenant au contraire, la lame sur le crochet, qui est pour ainsi dire fixe, produit à peine un léger froissement et peu visible, si l'on a quelque habitude de l'instrument. Le sécateur permet de couper beaucoup plus près de l'œil ; le travail se fait beaucoup plus vite qu'avec la serpette, et l'on n'est pas exposé aux accidents : car la force qu'il faut employer pour couper des branches un

peu grosses, et l'impossibilité d'arrêter court la main
dans son élan, fait que souvent on abat une branche
très-utile, voisine de celle que l'on taille ; on peut également s'estropier.

Pommiers cordons horizontaux unilatéraux.

Je ne décrirai pas le genre de taille applicable aux
pommiers en espalier, contre-espalier ou pyramide. On
se servira des mêmes principes que pour le poirier ; les
ramifications fruitières s'obtiennent également de même,
en se servant des mêmes procédés.

Toutefois, pour le pommier, on choisira les endroits
un peu au frais, et quelque peu humides ; on les plan-

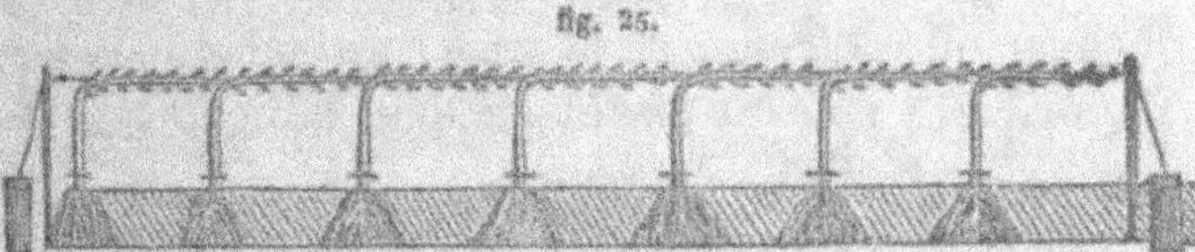

fig. 25.

tera en carrés formés spécialement pour ce genre de
culture, et que l'on désigne sous le nom de carrés Nor-
mandie ; on peut aussi les planter sur des plates-bandes
en les espaçant de deux mètres. Pour les formes en
gobelets, buisson, pyramide, contre-espalier, et beaucoup d'autres formes auxquelles on peut soumettre le
pommier, on ne perdra pas de vue les moyens employés
pour le poirier.

Depuis quelques années, une forme nouvelle, très-
agréable et très-productive, est venue modifier les anciennes dans la conduite du pommier et de sa plantation.

La figure 25 représente une jeune plantation de pommiers soumis à la forme dite *cordon horizontal*. Cette forme est des plus faciles à obtenir, et est très-gracieuse sur les bords des plates-bandes, le long des allées comme encadrement.

Pour ce genre de plantation, on choisira de jeunes pommiers d'une année de greffe sur paradis, ou sur doucin ; on les plantera sur une ligne à 1 mètre 50 centimètres, s'ils sont greffés sur paradis, et à la distance de 2 mètres s'ils sont greffés sur doucin, ces derniers ayant plus de vigueur que les autres.

Lors de la taille, on supprime l'extrémité en coupant seulement le tiers des jeunes scions, que l'on abandonnera en cet état la première année de plantation. L'année suivante, on fixe, à chaque bout de la plantation, un poteau sur lequel on adapte un fil de fer galvanisé n° 14, que l'on raidit le plus possible au moyen du tendeur dit *collignon*; ce fil de fer est encore supporté par de petits poteaux placés sur toute la ligne à la distance de six ou de sept mètres.

Ensuite, on attache les jeunes arbres sur le fil de fer, où ils prennent une position horizontale. Au moment de la taille, on pratique l'incision sur les yeux latéraux qui ne se seraient pas constitués d'eux-mêmes en boutons à fruits. On procèderait comme je l'ai indiqué dans mon instruction précédente en parlant des boutons à fruits. Ce moyen est infaillible quand il est fait convenablement, c'est-à-dire en temps opportun. Lorsqu'on fait ces opérations des incisions, on doit faire bien attention de ne pas endommager les fibres, qui sont à l'œil ce que les racines sont aux arbres. Du reste les rameaux à fruits se traitent comme sur le poirier.

Lorsque les jeunes arbres se sont rejoints et que leurs scions dépassent le point où on les a courbés, on les greffe par approche au printemps suivant, ou au mois d'août avec des pousses de prolongement de l'année. Cette manière de greffer consiste à faire une entaille en-dessus de la torsion où le jeune arbre est courbé, et une autre en-dessous de la branche que l'on veut greffer. Les entailles doivent être faites assez profondes et en biseau, bien en face afin de bien coïncider ; on attache ainsi avec un peu de laine, et on laisse dans cet état.

fig. 26.

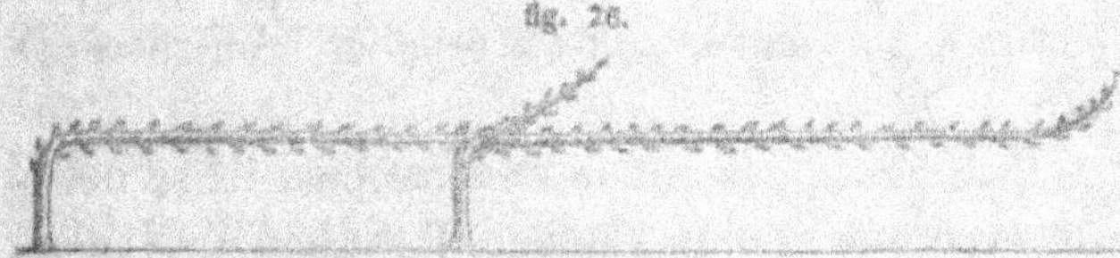

Greffe par approche des cordons horizontaux.

L'année suivante, la greffe est reprise ; on taille les branches greffées au-dessus de l'opération. Par ce moyen, tous les pommiers ne forment qu'une seule ligne ; la surabondance de sève que contient un fort, passe dans le voisin un peu plus faible, en rétablit l'équilibre, et la sève se trouve ainsi répartie sur toute l'étendue de la plantation.

Arbres fruitiers à noyaux. — Pruniers.

Le prunier s'obtient de semis. Il se propage aussi par la greffe sur des rejetons qui souvent poussent sur les racines des pruniers plantés en plein vent.

Ces sortes de greffes ne produisent jamais d'aussi bons arbres que ceux qui sont greffés sur des sujets obtenus de semis au moyen de noyaux pris sur des arbres vigoureux.

La première taille du prunier se fait l'année même de la plantation, tandis que, pour le poirier, ce n'est que la deuxième année, à moins que le terrain ne soit excessivement riche en propriétés végétales.

Pour la plantation du prunier en espalier, on choisit des arbres d'une année de greffe. La distance à observer entre chaque arbre est la même que pour les poiriers, soit en pyramide, soit en espalier, contre-espalier, etc.

Lors du développement des bourgeons, ils se développent avec une grande vigueur. Il est bon d'y veiller, et d'utiliser la fougue séveuse pour établir une charpente régulière. On devra pincer, au besoin, les yeux latéraux qui se développeraient à l'aisselle des feuilles pendant le cours de cette première année de végétation, afin de les convertir en rameaux à fruits.

Lorsque plusieurs bourgeons se manifestent au même point, on enlève les plus vigoureux; on n'en laisse qu'un, et le plus faible, qui, lui-même, se mettra plus facilement à fruit. Si la végétation était trop vigoureuse, on ne conserverait également que le rameau le plus faible pour prolonger la charpente. S'il arrivait que, quoique l'on eût conservé le bourgeon le plus faible pour continuer l'allongement de la charpente, ce bourgeon s'emportât avec trop de force, on le pincerait à l'aisselle d'une feuille, lorsqu'il aurait atteint 40 centimètres. De ce pincement il résultera des faux bourgeons qui seront pincés lorsqu'ils auront atteint 15 centimètres; celui qui se sera développé à l'extrémité du bourgeon ne sera pas pincé, mais on le conservera pour constituer la branche.

Comme le prunier se porte facilement à bois, on y obviera par tous les moyens conseillés pour le poirier. On observera aussi que, le prunier étant un arbre fruitier à noyaux, il ne fructifie qu'une fois sur le jeune bois. Il faudra donc, à la taille, rapprocher le plus possible les rameaux à fruits sur les branches de charpente. On pincera avec soin tous les bourgeons qui se développeraient, afin de les mettre à fruit.

On coupe à la taille toutes les extrémités des petites brindilles qui porteraient des fleurs, afin de constituer celles qui sont placées plus bas au-dessous d'elles près de la branche charpentière. On taillera court sur les branches à bois de l'année et sur les ramifications frui-tières, afin d'obtenir des branches fruitières de remplacement qui garniront les vides qui pourraient survenir.

Je ne parlerai pas des formes à donner au prunier. Cette essence fruitière se soumet à tous les caprices d'une main intelligente.

Cerisier.

La taille du cerisier se pratique comme celle du prunier. Il est donc inutile d'entrer dans de longs détails à ce sujet. Si, par hasard, il y avait quelques modifications à réaliser, l'intelligence seule pourrait y suppléer. Pour l'obtention des rameaux à fruits, ainsi que pour constituer la charpente de l'arbre, mêmes procédés. Il suffit de pincer, en rapprochant et refoulant la sève, selon le cas, pour constituer les rameaux à fruits.

Le cerisier se greffe sur le Sainte-Lucie (Mahaleb), ou sur le merisier ; les cerisiers greffés sur l'arbre Sainte-Lucie sont préférables pour les arbres en espalier. Ceux greffés sur merisier fourniront de beaux arbres en plein vent ; ils pousseront plus vigoureusement que greffés sur Sainte-Lucie.

La greffe du cerisier sur l'arbre Sainte-Lucie s'exécute en septembre, et sur le merisier en août.

Le cerisier, comme le prunier, demande une bonne terre douce, un peu fraîche, et substantielle.

L'exposition du nord, du levant et du couchant convient à ces essences fruitières. Pour beaucoup d'espèces, le midi est trop actif.

Abricotier en espalier.

Cette essence d'arbres, relativement à la forme, ne diffère en rien du prunier et du cerisier.

Comme l'abricotier en plein vent, que l'on nomme *abricotin*, est toujours meilleur pour ses produits que ceux que l'on obtient en espalier, il sera bon d'en avoir toujours quelques arbres, quoique leurs produits soient assez rares à cause des intempéries du printemps ; mais, lorsque l'année est favorable, on est certain que, sur de tels arbres, on aura d'excellents fruits.

L'abricotier se greffe sur amandier ou sur prunier, de la même manière que pour le cerisier.

Lorsqu'on plantera des abricotiers, on choisira l'exposition du midi, et même du levant, dans une bonne terre douce, amendée avec du bon fumier bien consommé. Les jeunes arbres devront avoir un an de greffe.

Si l'on se propose de faire une palmette simple, on taillera sur trois yeux, l'année même qui suit la plantation. Cette taille hâtive diffère de celle du poirier en ce que, pour celui-ci, la première taille ne se pratique que la seconde année.

Comme l'abricotier, le prunier et le cerisier se taillent la même année. Si l'on veut former une double palmette, on taillera sur deux yeux les mieux constitués à la base. Ces deux yeux formeront les deux premières branches ; puis enfin on continuera chaque année, comme il a été dit pour le poirier.

On entretient les ramifications fruitières par le pincement, afin de fortifier les rameaux qui se développeraient de nouveau. A la taille, on raccourcira les petits rameaux qui sont garnis de boutons à fleurs, à un tiers de leur longueur, malgré le fruit qu'ils rapporteraient cette année sans cette opération. Mais aussi, c'est que, l'année suivante, la base se trouverait dégarnie, et on serait privé de fruits.

L'abricotier n'est pas difficile pour sa formation ; seulement, il est sujet à se dégarnir si on ne surveille pas le moment de la pousse des jeunes bourgeons. On évitera cet inconvénient en employant les moyens connus pour amener à fruits les jeunes pousses de l'année, ce que l'on obtient facilement en mettant en usage les pincements et le cassement partiel. Pour planter en espalier, on choisira de bonnes espèces telles que l'abricot-pêche. On pourra y planter quelques abricotins qui produisent beaucoup, tout en s'accommodant aussi très-bien en espalier.

La figure 27 représente les branches à fruits proprement dites de l'abricotier. On taille la branche à un

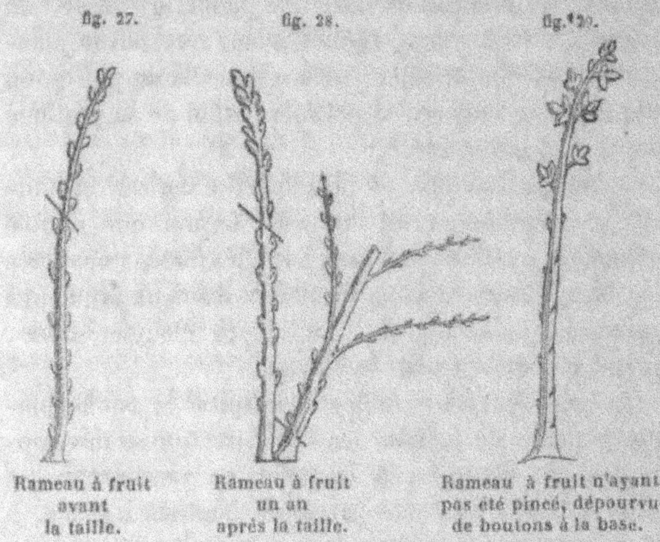

fig. 27.   fig. 28.   fig. 29.

Rameau à fruit avant la taille.   Rameau à fruit un an après la taille.   Rameau à fruit n'ayant pas été pincé, dépourvu de boutons à la base.

tiers de sa longueur : le fruit sera plus beau, et, en même temps, on favorisera les yeux situés à la base, qui seront convertis ensuite en rameaux à fruits.

La figure 28 représente un rameau à fruit, un an après la taille. Il suffira de rabattre le chicot, et de conserver la jeune branche fruitière poussée à sa base. Ce dernier rameau sera, à son tour, taillé comme celui de la figure 27, et produira le même résultat.

La figure 29 représente une jeune branche à fruit qui, n'ayant pas été traitée à la taille après avoir fructifié, s'est éloignée de la branche de charpente, et les yeux de la base se sont éteints, la sève n'ayant pas été arrêtée dans son cours par tous les moyens connus.

Dans toutes les essences fruitières soumises à la taille, soit en espalier, soit en pyramide, il faut toujours avoir soin de bien surveiller l'équilibre des arbres, et de ramifier les branches à rameaux à fruits, moyen indispensable pour parvenir à avoir de beaux arbres et de beaux fruits.

Pêcher forme carrée.

Le pêcher demande une bonne terre végétale, substantielle et profonde. Les terrains glaiseux et trop humides ne lui conviennent pas. Il faudra donc approprier une terre convenable, comme je l'ai dit en parlant

fig. 30.

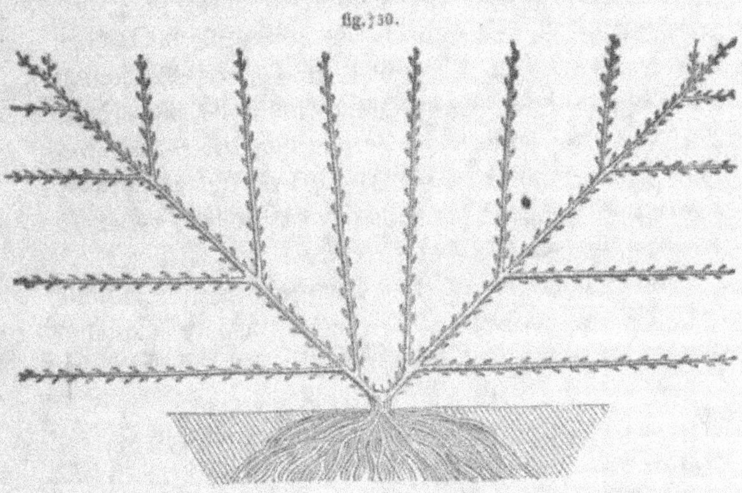

des plantations. On sait que l'amandier supporte moins l'humidité que le prunier. Par conséquent, il sera avantageux de choisir des pêchers greffés sur des sujets qui

pourront se plaire avec la nature du sol que l'on aura
à sa disposition.

L'amandier se greffe vers le commencement de septembre, et le prunier en juillet. L'exposition abritée ou
du sud-est convient parfaitement. — Le pêcher est
un arbre qui a été, depuis longtemps, reconnu très-
rebelle et difficile à cultiver, à cause des obstacles
nombreux que l'on rencontre pour arriver à lui donner
cette culture spéciale et soignée dont, cependant, il se
trouve si heureux et si bien portant, lorsque le sol dans
lequel il est placé a été arrangé de manière à le satis-
faire. La pratique de la taille, regardée comme très-
difficile, malgré les notions répandues chaque année
par nos habiles arboriculteurs, est encore dans beaucoup d'endroits à l'état de routine, tellement restent
toujours enracinés les anciens procédés.

Beaucoup de personnes peu amies de la science
disent que sur des arbres mal taillés, ou abandonnés
pour ainsi dire à leur croissance naturelle, on récolte
des fruits excellents, et en grande quantité, et que nos
pères qui ne taillaient les arbres qu'avec une serpe, sans
posséder aucune connaissance de physiologie végétale,
faisaient aussi d'abondantes récoltes[1].

Quant à la qualité du fruit, l'art qui constitue la taille
des arbres y contribue puissamment; ensuite la qualité
du terrain joue ici le principal rôle. Dans les terrains

---

[1] Si les récoltes étaient abondantes, elles ne l'étaient pas
chaque année, et le fruit était petit; pour la qualité, cet avantage est dû à la nature constitutive du sol. Mais rien ne prouve,
quant à présent, qu'on ne peut obtenir de plus beaux fruits et
de meilleurs sur des arbres soumis aux principes raisonnés de
la taille, telle que je l'indique ici.

siliceux et calcaires, le fruit sera bon et parfumé; tandis
que dans d'autres d'une nature argileuse, froide et compacte, le fruit sera aqueux, abondant en eau mais peu
parfumé. En voici la raison : c'est que, dans les premiers, les sucs de la sève sont déliés, fins et coulants,
tandis que dans les derniers les sucs de la sève sont
grossiers et épais, et abondent moins en parties volati-
les. Il est aujourd'hui bien avéré que si, dans des localités privilégiées par la nature du sol et du climat, on
récolte de bons fruits sans le secours de la taille (ou du
moins en ne secondant la nature des arbres fruitiers
que d'une manière imparfaite), on en récoltera de bien
meilleurs et de beaucoup plus beaux en pratiquant
sur ces mêmes arbres des opérations raisonnées de
taille. Quant à la récolte des fruits sur des arbres
abandonnés à leur croissance naturelle, elle ne se suc-
cède pas chaque année, tant s'en faut, lorsque les arbres
fruitiers sont mal soignés, tels que poiriers, pommiers
et généralement tous les arbres qui fleurissent de bonne
heure et conservent leurs fruits jusqu'à l'automne. Les
fleurs, et par conséquent les fruits, sont très-abondants
une année; ils en sont toujours dépourvus l'année
suivante, et s'en chargent de nouveau l'année subsé-
quente, et ainsi de suite. Cette intermittence assez régulière dans la production des fleurs et des fruits, s'explique parfaitement par les causes suivantes. Les fruits
de ces arbres contrebalancent l'action des feuilles en
attirant à eux la plus grande quantité de la sève absorbée par les spongioles radiculaires. Ils transforment
cette sève en cambium, comme le font les feuilles; mais
au lieu de la répartir, comme celles-ci, sur les divers
points du végétal, ils la font tourner entièrement au

profit de leur propre accroissement. Comme ces fruits restent sur les arbres pendant tout le temps de la végétation, c'est-à-dire depuis le printemps jusqu'à l'automne, cette absorption est continuelle, et les boutons qui, s'ils avaient été suffisamment nourris, se seraient transformés en boutons à fleurs pour l'année suivante, ne prennent aucun accroissement et ne développent au printemps qu'une rosette de feuilles. L'arbre emploie alors cette année de non-production à la formation de nouveaux boutons à fleurs, qui fournissent l'année suivante une abondante fructification.

Par la taille, on rend la production des arbres à fruits à pepins presque égale chaque année, c'est-à-dire qu'on détruit l'intermittence que je viens de signaler. Ce résultat est dû à ce que, la taille enlevant à l'arbre un certain nombre de boutons à fleurs et de rameaux qui auraient été alimentés par la sève des racines, cette sève non employée tourne alors au profit de la formation de nouveaux boutons à fleurs pour l'année suivante.

La taille détermine, comme je l'ai dit plus haut, la production de fruits plus volumineux et de meilleure qualité; cela tient à la même raison. Une certaine quantité de fluides nourriciers qui auraient alimenté les parties supprimées, fait prendre aux fruits conservés un développement plus considérable.

C'est à l'aide de la taille qu'on donne aux arbres ces formes d'une régularité pour ainsi dire mathématique. Cette uniformité qui règne dans toute la charpente influe beaucoup sur la beauté des produits, et sur la longévité des arbres.

Les arbres abandonnés à leur croissance naturelle

ont un aspect désagréable, s'épuisent vite, et ne donnent que de petits fruits, qui n'ont de qualités que lorsque le terrain qui les produit est d'une nature substantielle et favorable à leur essence. Ce n'est donc pas l'art qui vient ici en aide à la qualité du fruit, mais bien les propriétés chimiques des milieux ambiants, où les racines de ces arbres puisent leur nourriture.

Voici ce que l'on remarque sur ces arbres mal conduits, et malheureusement très-nombreux : ils ont une tige d'abord pourvue du sommet à la base de quelques ramifications plus ou moins régulièrement disposées. A mesure que l'arbre avance en âge, les ramifications disparaissent, et la tige plus ou moins élevée, simple ou ramifiée, finit par ne plus porter de branches qu'à son sommet, ce qui forme une tête touffue ordinairement plus large que haute. Ces arbres couvrent alors de leur ombrage un grand espace de terrain, et l'on ne peut en placer qu'un très-petit nombre sur une étendue donnée.

Pour les espèces ou variétés qui sont appliquées contre les murs, cette absence de toute direction de la tête et de la tige de l'arbre est encore plus préjudiciable. Les branches qui se développent s'éloignent progressivement du mur sous l'influence de la lumière, de sorte qu'au bout de peu d'années, les diverses ramifications échappent en partie à l'action du mur, action indispensable pour que les fruits acquièrent toutes les qualités qui les font rechercher. J'ajouterai que pour les arbres fruitiers, et notamment pour le pêcher, cette absence de la taille présente encore ce résultat fâcheux, que les rameaux à fruits disparaissent progressivement des parties centrales de l'arbre; la production se concentre

à l'extrémité des branches, et une grande partie de la
place prise par l'arbre se trouve inutilement occupée.

C'est par la taille qu'on donne aux arbres fruitiers en
plein vent la forme pyramidale, forme telle que, occupant beaucoup plus d'espace en hauteur qu'en largeur,
ils peuvent être plantés en bien plus grand nombre sur
le même espace, et produire, à surface de terrain égale,
une plus grande quantité de fruits. C'est aussi à la taille
qu'est due la forme en vase à l'aide de laquelle les
arbres, peu élevés et ramifiés dès leur base, ne portent
pas l'ombrage de leur tête au loin, et permettent ainsi
la culture des légumes dans leur voisinage. Enfin la
taille permet de fixer les arbres contre les murs d'espalier, et de les y faire prospérer.

L'art de la taille des arbres fruitiers n'est encore
connu aujourd'hui que par un petit nombre de praticiens et d'amateurs éclairés ; les notions données
sont mal comprises, et la plupart des arbres fruitiers
sont, dans beaucoup de localités, abandonnés à eux-
mêmes. Dans les pays où le sol répond à toutes les
exigences de la nature des arbres, il est facile de créer
un superbe jardin fruitier qui, non-seulement aura un
bel aspect (cet avantage n'étant que secondaire), mais
sera très-productif chaque année. On pourrait également établir dans de tels endroits une branche de commerce très-importante au point de vue d'une spécula-
tion lucrative, ce qui ne manquerait pas d'apporter le
bien-être aux classes laborieuses employés aux travaux
incessants que réclamerait cette noble branche d'indus-
trie horticole.

C'est à l'aide de la taille que l'on peut faire disparaître des jardins ces arbres sans formes, rabougris et

torturés par des coupes mal faites. On ne récolterait plus de ces fruits rachitiques, qui, n'étant propres qu'à la vente des petits marchés, ne peuvent prendre place sur les tables riches. On peut, par la taille, établir des arbres de forme admirable, qui, en faisant la beauté d'un jardin, font aussi les délices du propriétaire amateur qui sait, par sa juste appréciation, reconnaître la main habile à laquelle il a eu le bonheur de confier le soin de sa propriété. De son côté, l'horticulteur plein de zèle pour ses occupations journalières, et en donnant tous ses soins aux différentes cultures qu'elles réclament séparément, se trouve intérieurement heureux lorsqu'il s'aperçoit qu'il parvient à faire des progrès. Alors surtout, il se crée une véritable passion pour chercher à arriver à la perfection en surveillant et en découvrant les secrets de la physiologie végétale.

L'horticulture a fait de grands progrès depuis le commencement de ce siècle, de sorte que c'est aujourd'hui plus qu'un art, c'est une véritable science qui exige des connaissances approfondies de physiologie végétale, d'histoire naturelle, de physique, et de botanique. De même que les autres sciences, le jardinage a ses principes et ses règles, qu'il faut posséder pour pouvoir se dire horticulteur.

La taille du pêcher est considérée, encore aujourd'hui, comme un mystère. Soit que les principes raisonnés paraissent trop minutieux ou trop difficiles, soit que l'on considère encore l'ancienne méthode comme très-bonne, beaucoup de personnes s'éloignent, à tort, des sages leçons si fréquemment données.

Il est vrai que, dans beaucoup d'ouvrages concernant l'arboriculture, les termes sont quelquefois au-dessus de la portée des personnes peu avancées dans les principes de la taille. Souvent les démonstrations de quelques légères modifications sont beaucoup trop prolongées, tandis que, dans d'autres circonstances, les détails des procédés sérieux sont quelquefois trop peu développés. Je vais donc, pour éviter les inconvénients dont je viens de parler, m'efforcer de donner la marche à suivre pour arriver, sans de trop grandes difficultés, à un résultat satisfaisant, et pour que les personnes qui, jusqu'à présent, ont considéré la taille du pêcher comme étant très-difficile, puissent comprendre que cette essence fruitière peut non-seulement faire de bons arbres, mais encore de très-beaux, en soumettant et en pliant toutes ses branches aux caprices de l'homme instruit.

Le pêcher est un arbre qui demande des soins minutieux pendant tout le cours de sa végétation, à cause de la sève qu'il faut savoir gouverner, et qui souvent afflue dans les parties inutiles. Il faudra donc ne pas négliger une attention persévérante afin d'obtenir de bons résultats.

Pour faire la plantation, il faut choisir des arbres d'une année de greffe, ayant au-dessus de la greffe des boutons bien constitués.

Première année. La première taille consiste à rabattre, ou à couper le scion poussé dans la pépinière à 30 centimètres du sol, en conservant deux yeux les mieux placés, qui, lors de leur développement, constitueront les deux mères-branches pour prolongement de la charpente.

Cette opération de taille se fait toujours du côté du mur, afin qu'en se cicatrisant elle ne soit pas visible;

et c'est toujours au printemps qui suit la première année de plantation, qu'il faut opérer la coupe, soit que l'on plante en décembre ou en janvier. Ces dernières plantations, quand le temps est favorable, sont aussi bonnes que celles de décembre. On veille avec soin, pendant tout le cours de l'année, au développement des deux premières branches, en supprimant tout ce qui pousserait en-dessous de leur naissance.

Pour conserver l'équilibre de ces deux branches, on emploie les moyens indiqués pour le poirier.

Deuxième année. Au moment de la deuxième taille, on dépalisse les deux branches obtenues de la première année, qui avaient été attachées, à l'automne, sur le treillage, au moyen de deux baguettes, afin d'éviter les contusions sur le bois dur à cause de l'état herbacé des rameaux, ou souvent des directions tortueuses ou irrégulières. Les deux baguettes doivent être fixées au treillage en forme de V, presque verticalement, afin de tirer la sève dans les jeunes branches.

On coupera les deux jeunes branches à 30 ou 40 centimètres, selon leur force, en conservant quatre yeux bien constitués : deux yeux de chaque côté, et, à l'extrémité de chaque branche de chaque côté, un œil sur le devant pour constituer le prolongement, et un œil à chaque branche placée sur le côté pour tirer les deux premières branches sous-mères.

Lorsque les yeux seront développés, on maintiendra, avec beaucoup d'attention, l'équilibre par tous les moyens connus. Si les branches de prolongement poussaient avec trop de vigueur, on les palisserait en laissant les deux branches inférieures en liberté ; et, au fur et à mesure que les branches prennent de l'extension, il ne faut pas négliger de leur faire prendre, pendant qu'elles sont encore jeunes, la bonne forme que vous désirez, car plus tard cela deviendrait difficile.

Pendant le cours de l'été, il ne faut pas oublier le pincement des yeux développés sur le prolongement des premières branches, afin de les constituer à ramifications fruitières. On pince donc et on palisse strictement les branches qui voudraient s'approprier toute la sève au détriment des autres. Mais quand la sève commence à se ralentir, ce qui arrive vers le mois d'août, alors l'équilibre ayant été maintenu entre les jeunes branches obtenues, on les palisse pour continuer à les tenir dans une forme belle et convenable.

Troisième année. Lors de la taille, on dépalisse le jeune arbre, en ayant soin qu'il n'y séjourne aucun nid d'insecte qui, au moment de la végétation, pourrait porter préjudice à l'arbre. A l'aide d'une petite brosse appropriée, on pourra se rendre maître de cet inconvénient, qu'il est important de signaler, surtout pour les arbres qui se trouvent plantés près des vieux murs.

Ensuite on s'occupe de tailler les premières branches sous-mères, à 1 mètre, suivant leur force, et les deux branches intérieures à 70 centimètres s'il est possible, et d'opérer comme l'année précédente, dans le but d'obtenir deux autres branches sous-mères, en choisissant toujours les yeux les mieux placés.

Les mêmes soins que l'année précédente sont continués en maintenant toujours l'équilibre entre les branches, et en surveillant les branches supérieures afin qu'elles ne poussent pas avec trop de vigueur, parce qu'elles détruiraient les branches inférieures qui doivent conserver la prééminence sur les autres, en rapport avec la place qu'elles occupent. On ne saurait faire trop attention à cette tendance du pêcher à s'emporter avec vigueur, surtout les branches placées dans une position verticale. Si on n'y veillait avec soin, en quelques jours la sève se trouverait portée avec force, principalement dans les parties supérieures de l'arbre, et on aurait, par la suite, de la peine à combler les lacunes qui existeraient sur une partie des branches de charpente obtenues l'année précédente, et qui seraient dénuées de petites branches fruitières.

A l'ébourgeonnement, on aura soin d'enlever les pousses qui se seraient développées en-dessous et sur le devant des branches de charpente. Il faut toujours faire en sorte que les branches coursonnes, ou branches fruitières, soient espacées de 15 à 20 centimètres sur toute la longueur des branches dites charpentières, et placées de chaque côté, afin que la branche de prolongement et les petites branches fruitières représentent parfaitement une grosse arête de poisson.

Le pêcher est un arbre tout différent du poirier, en ce que, chaque année, il faut obtenir de nouvelles branches fruitières. La branche du pêcher soumise au principe de la taille ne fructifie qu'une fois. Il faut donc surveiller, et obtenir chaque année une branche de remplacement au lieu et place de la branche primitive, qui, après avoir donné son fruit, disparaît à la taille. Cette petite branche fruitière de remplacement s'obtient à la base de la précédente, le plus près possible de la branche de charpente. Dans le poirier, au contraire, après avoir obtenu des rameaux ou lambourdes, on cherche à les conserver, ces lambourdes, en effet, durent très-longtemps.

Voici maintenant la manière d'obtenir des branches de remplacement.

Lorsqu'on pratique le palissage, et que les branches fruitières ou branches coursonnes ont atteint 35 centimètres de longueur, on les pince en les abaissant sur le treillage. Les coursonnes, ou petites branches, destinées à devenir branches fruitières, poussées sur le dessus des branches de charpente, doivent être palissées huit ou quinze jours avant celles de dessous, et partiellement selon leur force. Car si on n'opérait pas ainsi, la sève, qui tend toujours à s'emporter, détruirait ces dernières, et, par leur absence, occasionnerait des vides.

La nature généreuse produit souvent plus de branches que l'on n'en voudrait au même point. En pratiquant l'ébourgeonnage, on conserve le jeune bourgeon qui se sera développé à la base de la branche à fruit de l'année. On favorisera ce précieux bourgeon, afin de le conserver jusqu'à la taille, car c'est ce bourgeon qui devient à son tour branche à fruit. Comme je l'ai dit plus haut, le pêcher ne porte de fruit que sur le bois d'un an; par conséquent, on doit, chaque année, obtenir, à la base de la petite branche fruitière, une branche de remplacement. Par ce moyen de rapprochement, on aura toujours des branches à fruits très-près des branches de charpente. Les fruits seront plus beaux, et la facilité plus grande pour obtenir chaque année des branches de remplacement.

Si, par exemple, il existait un rameau à fruit à la place d'une branche coursonne, il faudrait le laisser à la taille. Souvent, à la base de ces rameaux à fruits, il ne se développe pas de branches de remplacement.

en ce cas, il faudrait avoir recours au cran pour attirer
la sève et faire débourrer un œil qui paraît impercep-
tible à la base de ces rameaux.

Il suffit, pour obtenir ce résultat, lorsque les fruits
sont noués, de couper un peu l'extrémité des feuilles
de ces rameaux sur lesquels on doit expérimenter.
Ensuite, on enlève une petite lanière d'écorce, d'un
millimètre ou deux de largeur, en faisant deux incisions circulaires à la base des rameaux, si l'on veut
opérer sur plusieurs rameaux à la fois. A cet endroit
de l'écorce détachée, il se forme un petit bourrelet
renflé qui donne naissance aux branches de remplacement, et ainsi se trouve exécutée l'opération du cran.
A l'époque de la taille, on rabat ces petits rameaux
qui ont péri après avoir fructifié, et l'on opère sur les
nouvelles branches obtenues.

Quatrième année. La même opération de la taille se
pratique comme les années précédentes, toujours dans
le but d'obtenir des branches sous-mères et de continuer le prolongement de la charpente.

A mesure que l'arbre prend de l'extension, on abaisse
un peu les premières branches sous-mères pour les
disposer à leur faire prendre, un peu plus tard, une
direction horizontale.

Ces mêmes soins se continuent jusqu'à ce que la
charpente de dessous soit bien établie, en obtenant
chaque année une branche de prolongement et une
autre sur le côté de chaque membre supérieur pour
former la charpente. Lorsque les charpentes de dessous sont bien constituées et parfaitement terminées,
c'est-à-dire lorsque l'on a, de chaque côté des branches-mères de prolongement, cinq ou six branches

sous-mères bien belles et régulières[1], on les abaisse
dans une direction horizontale, et, l'année suivante,
on procède à la taille, afin de garnir l'intérieur de

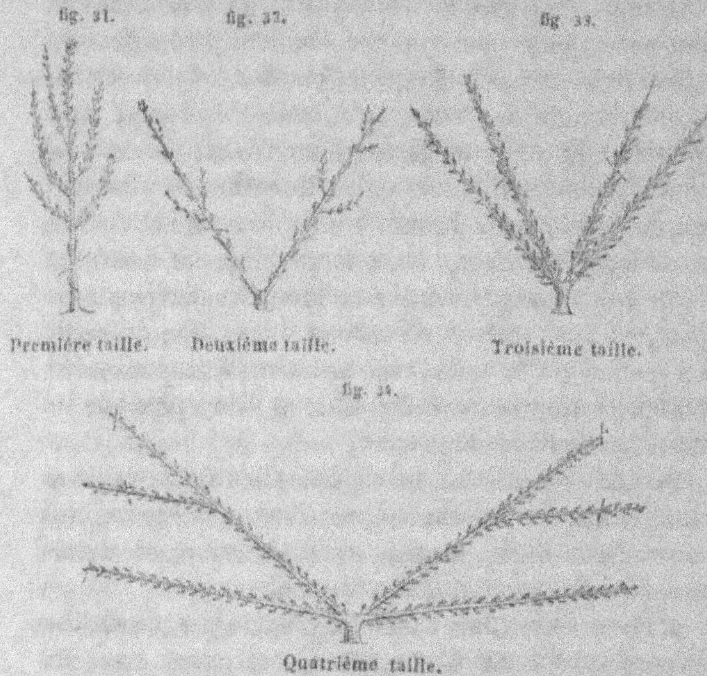

l'arbre, l'extérieur étant terminé. A cet effet, on choisit
deux branches à fruits les plus rapprochées du point
de départ de l'enfourchement des deux mères-branches, que l'on taille à bois sur les yeux placés à quel-

(1) A Montreuil, près de Paris, où le pêcher est cultivé et con-
duit dans la perfection, il n'a jamais que trois sous-mères, et
trois membres verticaux intérieurs. Il est impossible de laisser
un plus grand nombre de branches en rapport sur les murailles,
qui sont généralement très-basses.

ques centimètres de la base et en face le plus possible, afin que les deux membres intérieurs soient en harmonie avec la charpente de l'arbre.

Les yeux une fois développés, il en sortira des bourgeons plus ou moins vigoureux ; on pincera les plus forts, et on conservera les plus faibles pour former les deux premiers membres intérieurs verticaux, qui, vu leur peu de grosseur, garniront l'arbre assez vite, tout en se portant plus facilement à fruits ; tandis qu'au contraire, si on conservait les bourgeons les plus vigoureux, ils s'emporteraient en branches folles, ou branches gourmandes, qui ne produiraient que très-peu de fruits, placés vers les extrémités, et se dénude-raient dans une grande partie de leur longueur. En même temps, elles nuiraient beaucoup aux autres branches charpentières et aux rameaux à fruits.

A la taille suivante, on choisira, à 55 ou 60 centi-mètres des deux premiers membres intérieurs, deux branches à fruits que l'on dirigera comme les deux précédentes, et ainsi de même chaque année, jusqu'à ce que le dedans de l'arbre soit entièrement garni de toutes ses branches verticales.

S'il arrivait, malgré tous les soins portés à l'arbre, quelques dénudations dans certaines parties des bran-ches, on y remédierait au moyen de la greffe par appro-che, lorsque les jeunes rameaux sont encore à l'état herbacé.

Pour exécuter cette greffe, il suffit de faire une inci-sion longitudinale sur la partie dépourvue, en arrêtant l'extrémité de cette incision par un petit arrêt transver-sal : on place ensuite le jeune rameau, après lui avoir enlevé la portion nécessaire de son écorce et son épais-

seur de bois, entre les lèvres de l'incision, et il faut
prendre ses précautions afin que la branche greffée
coïncide bien avec celle qu'on vient de lui appliquer.
Ensuite on met une ligature, et on laisse dans cet état.
L'année d'après celle qui suit l'opération, la greffe étant
bien reprise, elle donne des branches à fruits où il n'en
existait pas : on coupe toutes les branches soudées en
dessous de chaque soudure, et le restant de ces branches soudées se trouvant libre, se taille comme les
autres petites branches fruitières.

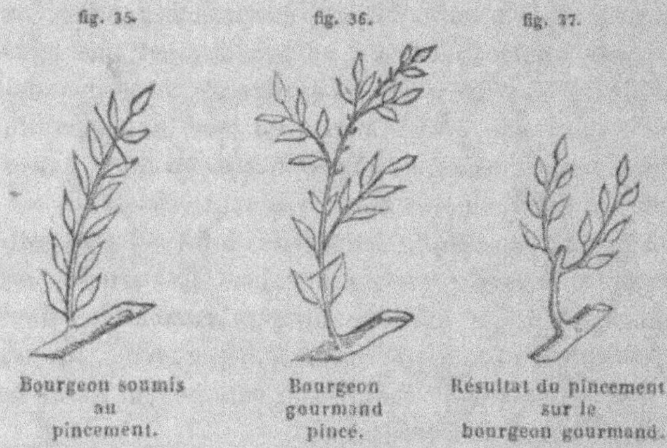

fig. 35.   fig. 36.   fig. 37.

Bourgeon soumis
au
pincement.

Bourgeon
gourmand
pincé.

Résultat du pincement
sur le
bourgeon gourmand.

La figure 35 représente le bourgeon du pêcher soumis au pincement. Si ce bourgeon n'était pas trop
vigoureux, il ne serait pincé que lorsqu'il aurait atteint
35 ou 40 centimètres de longueur. Si, au contraire, il
se développait avec trop de force, et qu'il se constituât
en branche gourmande, on le pincerait au-dessus des
deux premières feuilles situées à la base (fig. 36), et
de ce pincement il résultera deux bourgeons anticipés
que l'on taillera l'année suivante en rameaux à fruits.

S'il arrivait que la vigueur de ce bourgeon fît développer d'autres bourgeons anticipés, en faisant débourrer les yeux latéraux placés à l'aisselle des feuilles des premiers bourgeons anticipés, on les pincerait lorsqu'ils auraient atteint 10 centimètres de longueur (fig. 38), et on conserverait à la taille le rameau le plus rapproché de la branche-mère, pour fournir la jeune branche fruitière de remplacement.

La figure 39 représente une branche de prolongement de la charpente, ayant à l'aisselle de ses feuilles

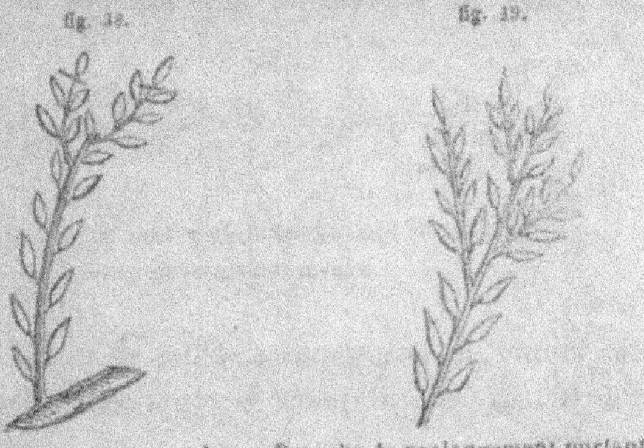

Bourgeon pincé portant des bourgeons anticipés.

Branche de prolongement portant des bourgeons anticipés.

des bourgeons anticipés; il faudra les pincer au-dessus de leurs deux premières feuilles. Ce pincement donnera lieu, à la taille suivante, à de petits boutons à fruits qui se trouveront placés sur la branche même de prolongement.

Il existe sur le pêcher et sur les branches de prolongement, des boutons à bois, simples, doubles, et même triples. Au moment de l'ébourgeonnement, on ne laisse qu'un bourgeon, le plus faible, et le mieux placé pour constituer une branche coursonne, ou branche à fruit. Cette suppression importante évite la confusion qui résulterait de ces yeux, qui se développeraient et absorberaient toute la sève du bourgeon principal, auquel il faut faire attention pendant tout le cours de la saison de la sève, en le soumettant au pincement s'il prenait trop de force ; mais s'il ne poussait qu'à un degré convenable, et en rapport à la place qu'il occupe, on ne le pincerait que comme je l'ai indiqué plus haut, c'est-à-dire à 35 ou 40 centimètres.

La figure 40 représente une branche de prolonge-

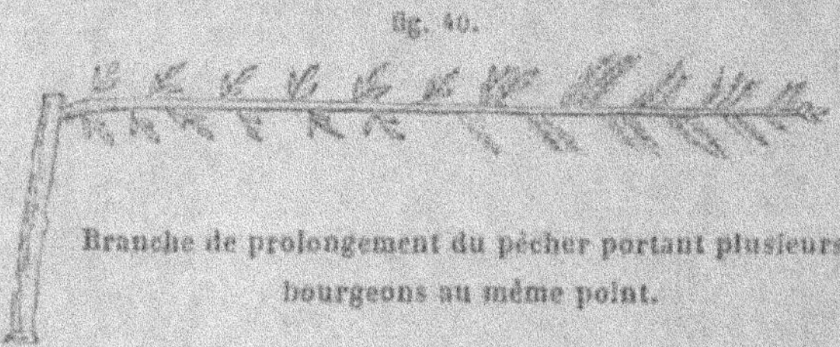

fig. 40.

Branche de prolongement du pêcher portant plusieurs
bourgeons au même point.

ment munie de bourgeons doubles et même triples au même point. On pratiquera la suppression dont je viens de parler.

La figure 41 représente un bourgeon sur lequel, après le premier pincement, il s'est développé des bourgeons anticipés. On les pincera une seconde fois, lorsqu'ils auront atteint à peu près 20 centimètres de longueur. Si, après ce deuxième pincement, il repoussait de nouveaux bourgeons anticipés, on rabattrait les premiers, afin que tous ces bourgeons n'absorbent pas une quantité de sève inutile ; à la taille, on rabat pour former des rameaux à fruits.

La figure 42 représente le bouquet à fruit, ou bouquet de mai. Ce petit bouquet naît de lui-même sur les branches de prolongement. Il ne se taille pas ; après

avoir fructifié, il meurt épuisé. On veillera à son remplacement, soit à la pousse par la greffe en approche,
soit par un jeune bourgeon que l'on tirera à sa base,
ce qui sera plus avantageux.

La figure 43 représente un rameau à fruit proprement dit. Ce jeune rameau se taille au-dessous des
boutons à fruits placés à l'extrémité. Cette suppression
favorisera les boutons inférieurs ; les fruits qui y naîtront n'en seront que plus beaux, par la raison qu'ils
se trouveront plus près de la branche de charpente.
On favorisera aussi le développement des jeunes bour-

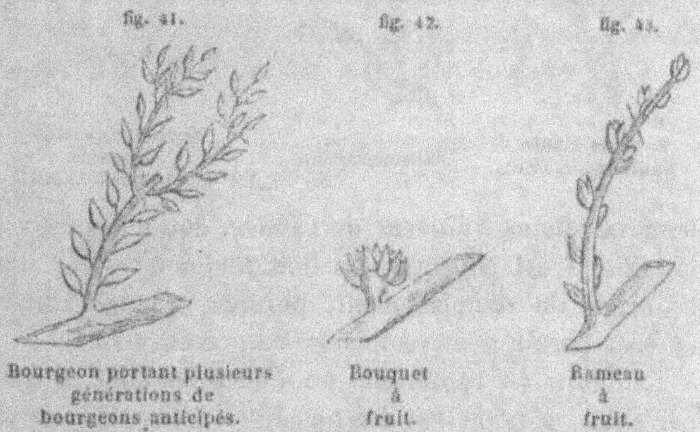

geons placés à la base, pour ne conserver que le plus
faible, qui, l'année suivante, formera la branche de
remplacement.

La figure 44 représente deux boutons à fruits et un
bouton à bois placé au milieu. Cette disposition s'observe souvent sur les branches taillées pour le prolongement de la charpente.

La figure 45 représente un rameau à fruit. Ce rameau
prend le nom de rameau mixte. Il naît ordinairement
sur les branches de prolongement ; c'est une excellente

production fruitière. A la taille, on retranche l'extrémité de ce rameau, afin de favoriser le développement
des boutons inférieurs. On conserve, comme précédemment, un jeune bourgeon de la base pour le
remplacement de ce rameau primitif qui, comme toutes

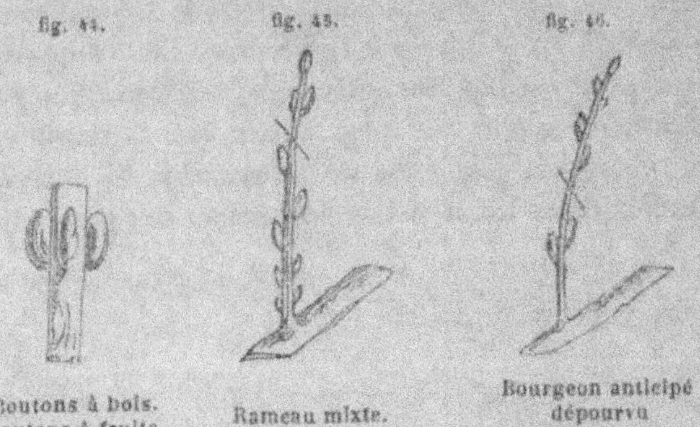

les productions fruitières de l'année, doit disparaître à
la taille. C'est pourquoi on doit toujours veiller aux
branches de remplacement, puisque, chaque année,
on en a besoin pour remplacer les précédentes.

La figure 46 représente un bourgeon anticipé qui,
par oubli, n'ayant pas été pincé, se trouve dépourvu
de boutons à sa base. On rabattra, à la taille, ce jeune
bourgeon, tout près de son empâtement sur la branche
de prolongement. Cette taille courte fera sortir des
bourgeons favorables qui serviront comme branches de
remplacement. Mais si ce jeune bourgeon avait été
pincé dès sa naissance sur la branche de prolongement, c'est-à-dire au-dessus des deux premières feuilles, on aurait obtenu pour l'année suivante des boutons
à fruits qui se seraient formés à sa base, et le principe
aurait été observé.

La figure 47 représente un rameau abandonné à lui-même, c'est-à-dire qu'il n'a pas été taillé ni pincé. Toute la sève s'étant portée à son extrémité, les yeux de la base se sont éteints, effet qui se produit toujours quand des arbres sont travaillés par des mains peu habiles. Si on laissait cette branche gourmande encore quelques années, les productions fruitières finiraient par s'éloigner à une grande distance de la branche de charpente, laissant des vides nombreux chaque année derrière elle, et en attirant à elle toute la sève, au détriment des branches coursonnes et charpentières. Le point essentiel dans tous les arbres fruitiers soumis à la taille, est de ne jamais laisser dominer les bran-

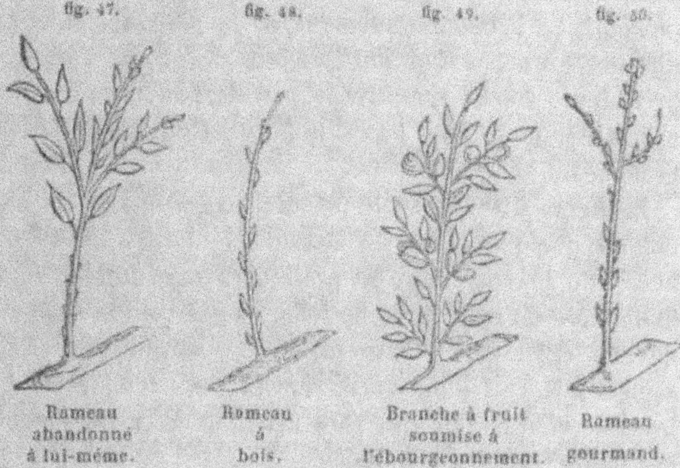

ches de destruction, autrement les arbres s'épuisent vite, et meurent après avoir produit peu ou point de fruit. Je recommande donc que les bourgeons soient soignés au début de leur apparition, comme je l'ai observé à l'article *pincement*.

La figure 48 représente un rameau à bois. Il suffira,

pour le constituer en ramifications fruitières, de le
tailler au-dessus de deux boutons placés à la base, et
que l'on pincera au besoin dans le cours de l'été; on
les amènera à fruit au printemps suivant, au moyen
de la taille sur le rameau de remplacement.

La figure 49 représente une branche à fruit sur
laquelle on a enlevé les bourgeons inutiles; on ne
laisse que les bourgeons qui accompagnent les fruits,
et ceux de la base pour former le remplacement l'année suivante, lorsque les productions fruitières auront
disparu. Ensuite on les taille comme précédemment.
Le but de la taille sur les branches de charpente consiste à entretenir les ramifications fruitières par le
pincement, l'ébourgeonnement et le palissage, pour
que les branches qui ont produit des fruits l'année
précédente soient remplacées par de nouvelles branches obtenues à leur base, le plus près possible de la
branche de charpente

La figure 50 représente un rameau gourmand. Pour
obtenir quelque chose de convenable lorsqu'on aura
oublié de le travailler, on pratiquera une entaille sur
le derrière de cette branche folle, en enlevant la moitié
de son épaisseur. Cette plaie fera développer des
rameaux à fruits dont on se servira pour remplacer la
branche gourmande, qui sera rabattue à la naissance
des petits rameaux à fruits.

Il arrive souvent que les rameaux taillés pour porter
fruits, n'en conservent pas, la saison ayant été contraire; en ce cas, on taille en vert, c'est-à-dire que
l'on coupe la branche tout près des deux bourgeons les
plus rapprochés de la base. Cette branche, en effet,
était inutile puisqu'elle n'avait pas de fruit, et les bour-

geons poussés sur sa longueur auraient absorbé inutilement la sève. On se sert seulement de ces deux jeunes bourgeons placés à la base pour le printemps prochain comme branche de remplacement, et comme, pour mieux dire, il ne faut qu'une branche, on choisira la plus voisine de la branche de charpente.

Enfin, quand sur un même point il y a des branches coursonnes qui, après avoir fructifié pendant trois ou quatre ans, deviennent languissantes, il n'est quelquefois pas rare de voir se débourrer de faibles bourgeons à bois à la base. On profite de cette occasion soi-disant pour rajeunir les coursonnes, tandis que c'est pour leur en substituer d'autres, puisque ces branches coursonnes sont rabattues à la taille, les jeunes rameaux étant coupés sur deux bourgeons à bois les plus rapprochés de la branche de charpente. Ensuite, on les traite comme ramifications fruitières.

Une fois que l'on a bien compris les principes que je viens d'énumérer, tant pour la charpente d'un pêcher que pour l'entretien et l'obtention des rameaux à fruits, on peut établir n'importe quelle forme ; car celle que je viens de décrire est la plus belle et la plus difficile, par conséquent c'est celle qui demande aussi le plus d'attention de la part de l'horticulteur.

En résumé, voici ce qu'il faut bien observer :

Un équilibre toujours parfait dans la charpente de l'arbre, afin que la sève se propage dans toutes les parties avec une juste égalité.

Une grande surveillance sur les rameaux à fruits qui se trouvent placés de chaque côté des branches de prolongement de la charpente.

L'ébourgeonnage et la suppression des branches ou

bourgeons inutiles faisant confusion à un même point ; une distance de 15 centimètres au plus entre les branches coursonnes ou rameaux à fruits, sur toute la longueur des branches de charpente ou branches de prolongement ; enlèvement des bourgeons par-devant et par-derrière, excepté le bourgeon de prolongement.

Chaque année, rabattre les productions fruitières, et opérer sur les scions de remplacement que l'on a conservés à la base lors du palissage et de l'ébourgeonnement.

Un pêcher bien traité ne doit jamais présenter sur sa charpente de branches gourmandes ; on doit employer tous ses soins pour conserver l'arbre en bonne santé. On cherchera toujours, comme je l'ai déjà dit, à obtenir les fruits le plus près possible de la branche de charpente ; ils seront mieux nourris, parce que la sève aura moins de parcours à faire que s'ils étaient plus éloignés. Une autre raison qui doit faire rechercher les fruits les plus rapprochés possible de la branche de charpente, c'est que, s'ils en sont éloignés, comme on est obligé de laisser quelques bourgeons que la sève alimente avant d'arriver aux fruits, on peut dire que c'est autant de sève absorbée par ces bourgeons inutiles, et perdue pour les fruits et la branche de charpente.

Je conseille de tailler courtes les branches à fruits ; par ce moyen on réalisera tous les avantages. On obtiendra de beaux fruits, des branches de charpente bien constituées, et aussi plus facilement les branches de remplacement.

Pêchers formes obliques.

La figure 51 représente un espalier de pêchers plantés pour former des cordons obliques simples. Cette forme est très-avantageuse, parce qu'elle garnit un mur en peu de temps. Un autre avantage encore, c'est que, les arbres étant plantés à peu de distance les uns des autres, on peut cultiver beaucoup de variétés sur un espace assez restreint. Elle produit aussi un bon effet.

Cette forme, quoique très-simple, nécessite encore beaucoup d'attention par rapport à la sève qui, n'ayant qu'une branche de charpente pour se répandre, serait bientôt lancée à l'extrémité de l'arbre en laissant vide

Fig. 51.

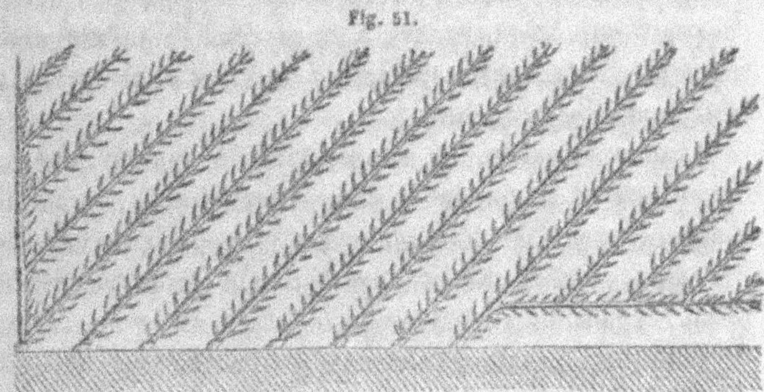

une partie de son étendue, tandis qu'elle doit toujours, et de chaque côté, être couverte de ramifications fruitières. Pour planter, on choisira de jeunes arbres d'un an de greffe.

Première année. A la taille, on les rabat à 30 centimètres du sol, en choisissant un œil placé sur le devant pour continuer le prolongement de l'arbre.

On favorise les bourgeons sortis à la base, et on les constitue en rameaux à fruits par le pincement et le palissage. On enlève tous les bourgeons qui se sont développés devant et derrière la branche de prolongement.

Il est inutile de revenir sur le traitement en général des bourgeons du pêcher en ramifications fruitières. Les soins à apporter sont les mêmes que j'ai décrits plus haut.

Par le procédé de la figure 51, on peut garnir un mur complétement en peu d'années. Pour obtenir ce résultat, le premier arbre de cette plantation doit être courbé comme les autres ; seulement, dans le cours de l'année, il faut veiller à conserver un bourgeon à sa base, qui sera placé verticalement sur un treillage. Lorsqu'il aura atteint 65 centimètres de hauteur, on le courbera sur un autre treillage, placé à la même distance d'écartement du treillage précédent pour recevoir cette nouvelle branche.

L'année suivante, on reprend un bourgeon sur le devant où on a courbé la jeune branche, et, lorsqu'il a atteint assez de longueur, on le courbe comme la branche précédente sur un nouveau treillage placé aussi à égale distance pour le recevoir. Chaque année, on continue le même procédé jusqu'à ce que l'on ait atteint le haut du mur.

Pour obtenir de bons et de beaux arbres dans cette forme, il ne faut pas non plus oublier de bien veiller à ce que la branche de prolongement ne pousse pas avec trop de vigueur, autrement il arriverait des dénudations qu'il ne serait pas facile de réparer ; il faudrait cependant avoir recours à tous les moyens que j'ai conseillés en pareil cas pour la forme carrée.

Les pêchers en cordons obliques se plantent à 75 ou 80 centimètres de distance; on les abaisse un peu lorsqu'ils ont atteint les deux tiers de leur longueur sur la hauteur du mur, et, étant ainsi espacés, quand ils sont abaissés ils se trouvent à 55 centimètres de distance les uns des autres.

Pour former l'espalier oblique, on plantera le dernier arbre à trois mètres de distance du point où l'on doit plus tard terminer la garniture du mur.

Il suffira de traiter ce dernier arbre comme les autres. Lorsqu'il aura atteint un certain développement, on l'abaissera un peu, pour plus tard lui faire prendre une direction horizontale à 50 centimètres du sol.

Lorsque cet arbre aura acquis son développement, on prendra sur le dessus un ou deux bourgeons à 50 ou 55 centimètres de distance, que l'on traitera comme branche de charpente. On aura soin de prendre le premier à la courbe autant que possible sur le dessus, afin de lui faire prendre sa direction oblique telle qu'on peut le voir sur la figure 51.

En pratiquant cette forme, on n'a qu'une seule branche de charpente à surveiller. A la deuxième taille, on coupera les jeunes arbres au tiers de leur longueur totale, en conservant toujours un bouton à bois sur le devant pour prolonger la branche ou l'arbre, comme on voudra l'appeler.

Quand le prolongement est arrivé à la hauteur du mur, l'espalier est terminé, et il ne doit présenter aucun vide dans son ensemble. La vue de tels arbres bien traités en cordons obliques est agréable et fort belle.

Je recommande de ne pas négliger entièrement ces cordons obliques, qui ont l'avantage de garnir complétement un mur en très-peu de temps (4 ou 5 ans, suivant la hauteur du mur).

Cette forme peut s'appliquer aussi au poirier, qui s'en accommode très-bien, en traitant les branches fruitières, ainsi que la branche de charpente, comme il en a été question à l'article poirier. Les pêchers cordons obliques, bien établis, doivent être garnis latéralement de branches et de boutons à fruits en employant tous les moyens que je viens d'indiquer.

Outre les formes que je viens de décrire pour le pêcher, on peut, avec les explications que j'ai données, en former beaucoup d'autres. Je ne décrirai pas tous les genres de formes donnés aujourd'hui à toutes les

Fig. 52.Fig. 53.

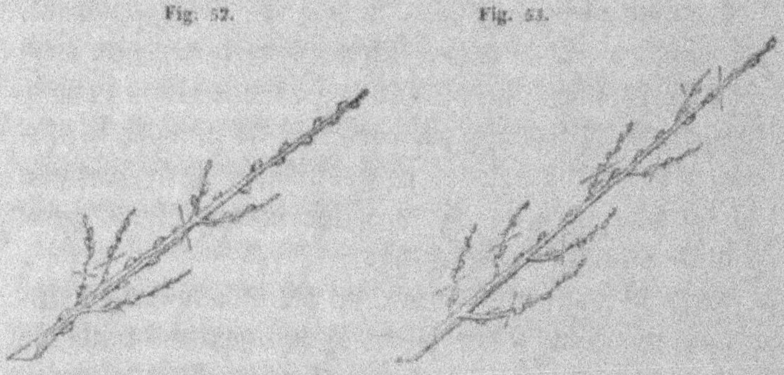

Première taille.Deuxième taille.

essences fruitières ; ceci dépend du goût des amateurs. Du reste, l'essentiel est d'adopter les formes les plus agréables et les plus productives, en même temps que les plus faciles à conduire, car beaucoup d'arbres fruitiers aujourd'hui sont soumis à des directions qui sont plutôt du dessin que de l'arboriculture. Je préfère les formes les plus simples, quoique les plus anciennes, telles que la palmette simple à branches horizontales, la palmette double à branches renversées, l'oblique, la lyre, le candélabre et la forme carrée.

Pour terminer, je dirai enfin, en parlant des espaliers, qu'il arrive quelquefois que, lorsqu'un arbre est formé entièrement, la sève a également besoin d'être bien maintenue, parce qu'à ce moment-là, je le répète, comme dans le courant d'une formation fruitière, la sève cherche également et toujours à affluer dans les parties supérieures. Pour éviter cela, il suffira de tailler les branches terminales sur un rameau à fruit, d'opérer le pincement sur les bourgeons à conserver, et de détruire ceux qui mettraient le désordre dans toutes les parties de l'arbre. S'il arrivait que la sève s'obstinât à revenir au même point, on répéterait le pincement dans le cours de la végétation ; mais il en résulte des bifurcations ou têtes de chat, qu'il faudrait faire disparaître à l'époque de la taille, en conservant le bourgeon le plus faible et le plus près de la branche de charpente, lequel bourgeon produirait à son tour le rameau de remplacement. Il faut aussi surveiller bien attentivement, pendant le cours de la végétation, les branches de prolongement ; car étant taillés sur deux yeux bien conformés, il arrive qu'ils s'emportent avec trop de force, et lorsqu'on s'en aperçoit, on doit avoir soin de les pincer sur un faux bourgeon, qui a moins d'action végétale, pour le disposer à la place du bourgeon terminal qui a disparu par le pincement. Cette manière d'opérer s'applique dans toutes les formes. On a généralement recours à ce moyen pour les branches intérieures verticales, de même que dans la forme oblique simple, où la sève domine toujours avec excès sur le prolongement.

Après la taille, on pourra aussi palisser les branches à fruits avant le développement des bourgeons, en les inclinant en manière d'arête sur les branches de charpente. Cette opération est très-utile, et favorise le fruit ainsi que les branches de remplacement, qui sont plus faciles à obtenir. En voici la raison : par cette inclinaison, les vaisseaux séveux, qui ont dans le bourgeon une forme cylindrique, se trouvent aplatis et resserrés. Le fluide séveux ne peut plus y circuler qu'avec peine, et se trouve gêné dans son mouvement ascensionnel. Il en résulte qu'étant appelé par le bourgeon, mais ne pouvant y circuler, il séjourne plus ou moins dans le talon, c'est-à-dire dans l'empâtement, et lorsqu'il y a surabondance il s'en échappe, constitue de nouveaux bourgeons et facilite le remplacement.

Généralités indispensables dans la culture des arbres fruitiers. — Quel est le but que l'on doit se proposer dans la culture des arbres.

Il me semble que ce but ne saurait être douteux un seul instant. La forme a son mérite, mais ce mérite n'est que secondaire, et ne doit pas aller contre le but vraiment sérieux : la production.

J'ai vu, dans de très-beaux jardins d'amateurs, des arbres assez régulièrement taillés, mais fructifiant peu ; beaucoup même passent leur vie sans faire connaître leurs fruits. Ces arbres peuvent plaire à celui qui les taille ; mais le propriétaire, qui n'y voit que du bois, peut-il se contenter de ce trop mince résultat ? Non, certes.

Ce qui est vrai, c'est qu'un praticien habile peut et doit combiner ces deux choses : la *forme* et la *fécondité* ; et ces deux choses, quoique s'appelant l'une l'autre, ne s'obtiennent que par une taille combinée et appropriée à ces deux points de vue.

En pratiquant la taille comme je l'ai décrite, et en traitant les ramifications fruitières comme je l'ai expliqué, on aura dans son jardin de très-beaux arbres bien formés, et un fruitier bien garni, ce qui n'est pas moins important.

Choix des arbres dans la pépinière.

Une fois qu'on a bien arrêté la note des arbres que l'on veut planter, il faut choisir ces arbres dans la pépinière, d'après les principes suivants.

Préférer les arbres de deux ans de greffe à d'autres plus âgés, et les plus vigoureux d'entre eux.

Préférer, pour les plantations quelles qu'elles soient, les pyramides, et rejeter les arbres nains que les pépiniéristes disposent pour espalier. Ces arbres sont les moins vigoureux, et le troisième choix de la pépinière.

Prendre les pyramides les mieux faites et les mieux garnies de branches, depuis la base jusqu'à l'insertion de la flèche.

Ces prescriptions peu difficiles à suivre, et dictées en partie par le simple bon sens, ne sont pas sans influence sur la destinée des arbres, quand on agit ensuite comme je l'ai indiqué à l'article *taille*.

Mode de plantation destiné à combattre les ravages du ver blanc.

Le ver blanc se rencontre aussi bien dans les bonnes terres que dans les mauvaises, et, par lui, les plantations les mieux dirigées peuvent être complètement détruites en peu de temps. Je vais faire connaître comment on opère lorsqu'on doit lutter contre cette larve vorace.

On ne fait ni trous, ni défonçage; il suffit de labourer la terre à la profondeur d'un fer de bêche à l'endroit où l'on doit planter un arbre. Ensuite on apporte d'autre terre, de façon à former un monticule de 20 à 25 centimètres sur lequel on place l'arbre; on recouvre les racines avec cinq ou six brouettées de bonne terre. Cette plantation bien faite ne déplaît pas à l'œil; l'arbre élevé au-dessus de terre n'en pousse que mieux, et n'a plus à craindre le ver blanc.

Ce mode de plantation peut s'employer avec avantage dans les terrains froids et humides, et même dans une terre franche argileuse ou d'alluvion.

Manière d'équilibrer les arbres.

L'équilibre des arbres fruitiers leur donne à la fois la beauté, la santé et la fertilité. Depuis mon enfance je pratique l'arboriculture, j'ai rencontré des arbres qui paraissaient être assez bien conduits et dans de bonnes conditions, et qui pourtant étaient mal équilibrés. Voici de quelle façon on doit opérer pour équilibrer les arbres.

Dans la forme dite pyramide, comme dans les autres formes en espalier, la flèche est ce qui me guide : mon arbre doit avoir une envergure double de sa hauteur.

Pour la palmette, par exemple, si la flèche a deux mètres, mes deux branches de base doivent avoir 4 mètres à elles deux, soit deux mètres chacune; ces deux branches, comme toutes les autres qui s'insèrent entre elles et l'œil terminal de la flèche, doivent avoir sur la flèche une inclinaison de 65 degrés environ, pour arriver plus tard, l'arbre étant formé, à être presque horizontales. Elles doivent s'arrêter de façon à ce que l'œil terminal de chacune d'elles soit placé sur la ligne droite qui serait tirée de l'œil terminal des branches de base jusqu'à celui de la flèche.

Il suffit de prendre tout simplement une perche, ou une règle, et de l'appliquer sur le mur, de façon à ce qu'elle touche à la fois les deux yeux indiqués, celui de l'extrémité de la flèche, et celui de l'extrémité d'une des branches de base. On taille ensuite les intermédiaires d'après la pente de la règle.

Il est entendu que, lorsque l'arbre est arrivé à son point extrême de développement en hauteur, point déterminé le plus ordinairement par le chaperon du mur sur lequel il est appuyé, cet équilibre est rompu, attendu que l'arbre ne peut plus s'étendre alors qu'horizontalement.

Pour la pyramide, voici ce que l'on doit observer : la hauteur doit être égale à la circonférence ; les branches de base doivent avoir la moitié de la hauteur totale.

Les autres branches doivent être taillées progressivement jusqu'à la flèche, de manière que les yeux s'alignent sur celui de la flèche ; il n'est besoin de perche, ni de ficelle pour cela : l'œil suffit.

Pour tailler, il suffit de regarder l'allongement que l'on veut donner à la flèche. Par exception, si une pyramide n'a qu'un mètre de hauteur, elle peut n'avoir qu'un mètre 50 de tour, sauf à la régulariser par la suite.

Pour régler la sève dans les arbres vigoureux.

Voici comment on doit agir dans le cas d'arbres rebelles, dont toute la sève devient bois. Je prends à vue d'œil l'aplomb de l'arbre ; je supprime toutes les grosses branches, et je taille les plus petites, que je mets en équilibre avec la flèche.

J'allonge les branches le plus possible, afin qu'elles se garnissent latéralement de boutons à fruits pour l'année suivante, ce qui ne manque jamais, car les canaux séveux sont rétrécis, et le flot de sève est réglé dans son cours.

Au printemps, c'est-à-dire à la première sève, je supprime strictement tous les bourgeons nouveaux, afin que les boutons à fruits de mes petites branches profitent ; j'éborgne et je pince pendant toute la saison de la sève ; je ne conserve que les branches utiles pour former ma charpente. Je ne parle ici que des arbres gros et formé qui, depuis bien des années, ne donnent pas de fruits.

En procédant ainsi que je viens de dire, on n'a pas besoin d'avoir recours aux moyens préconisés jusqu'à présent, tels que la transplantation des arbres, la coupure des racines, la torsion des branches et leur entrelacement, etc. On n'a pas besoin non plus de laisser une quantité de brindilles qui ne peuvent être que nuisibles à l'arbre par leur nombre et le développement qu'elles prennent. Cette méthode toute nouvelle offre un grand avantage dans la culture des arbres fruitiers.

Moyen de donner de la vigueur aux arbres fruitiers.

On voit, dans beaucoup de jardins, des arbres malades par le manque de sève, et qui, le plus souvent, arrivent à une fin prématurée. J'ai pensé que des incisions sur les racines devaient produire le même effet que sur le corps d'un arbre, c'est-à-dire provoquer le développement de nouvelles ramifications; c'est ce qui est arrivé.

La manière d'opérer est très-simple. Il suffit de découvrir les racines d'un arbre quelconque qui manque de vigueur, d'en rechercher les plus grosses, et d'y faire avec la scie, ainsi que sur le tronc, des incisions assez profondes en différents endroits. Cette opération faite, on recouvre les racines avec la meilleure terre du jardin. L'année suivante, l'arbre a développé, au-dessus des incisions, une grande quantité de petites racines qui sont autant de suçoirs fournissent à l'arbre la quantité de sève dont il a besoin.

Il arrive que des arbres greffés sur cognassier, étant plantés dans un terrain qui ne convient qu'à des arbres greffés sur franc, ne prennent pas un beau développement et ne poussent que médiocrement. On remédie à cet état de choses en affranchissant ces arbres, c'est-à-dire en pratiquant des incisions dans le bourrelet de la greffe pour en obtenir des racines. Si ce bourrelet est au-dessus du sol, on l'enterre en rapprochant la terre autour.

La scie à main est préférable aux autres instruments pour faire ces incisions. On fait avec cet instrument deux ou trois incisions dans le bourrelet de la greffe, et en les recouvrant de terre comme il a été dit plus haut, on obtient des racines qui donnent à l'arbre la même vigueur que s'il était greffé sur franc.

Je n'entends parler ici que des arbres qui manquent seulement de végétation ; car, pour des arbres vieux et usés, l'opération de ces incisions est tout à fait inutile, elle ne saurait leur rendre la vie.

Manière de mettre les arbres rebelles à fruit par l'incision et l'effeuillage.

Première manière. Ebourgeonner sévèrement les arbres vigoureux, ne laisser aucun bourgeon à bois, les couper au fur et à mesure qu'ils poussent, ne laisser que les yeux stipulaires, et laisser libres toutes les flèches de chaque branche charpentière.

Deuxième manière. Faire des incisions transversales sur les dards, de sorte qu'ils soient à moitié coupés jusqu'à la base du talon. Cette opération se fait à la taille du printemps.

Troisième manière. Prendre les dards entre l'index et le pouce, et leur faire subir une torsion assez forte. Après ces opérations, si l'arbre n'avait pas de boutons à fruits à la fin d'août, voici ce qu'il faudrait faire à la fin du même mois.

Si l'arbre a encore de la sève, l'effeuiller entièrement; par ce moyen, le reste de la sève fera grossir les dards et les mettra à fruits. Elle fera aussi développer quelques boutons à bois, que l'on retranchera au fur et à mesure de leur apparition.

On peut pratiquer l'effeuillage sans crainte sur des arbres malades, à la fin de juin ou au commencement de juillet. Il arrive souvent que, quand les branches jaunissent, on peut, par l'effeuillage, les faire reverdir. Quand on sèvre une branche greffée en approche, on peut l'effeuiller pour être plus assuré de la reprise.

Manière de diviser les boutons à fruits.

Je suppose qu'un poirier ait deux cents boutons à fruits, et que cet arbre, par sa force et sa taille, ne puisse porter plus de cent poires : afin d'éviter de le fatiguer, je veux, par l'opération suivante, qu'il puisse produire ces deux cents poires en deux années, au lieu de s'épuiser inutilement la première à nourrir deux cents boutons à fruits qui fleuriront, mais ne fructifieront pas ou fructifieront mal, et, dans tous les cas, lui nuiront et l'empêcheront de produire l'année suivante.

En thèse générale, chaque bouton à fruit porte à sa base deux yeux bien prononcés, que l'on nomme *boutons boursiers*. Ces deux yeux servent à former dans la même année, pour l'année suivante, des boutons à fruits en remplacement de ceux que l'on doit détruire. Pour cela, il faut couper, à l'époque de la taille, les boutons à fruits que l'on suppose devoir être de trop, auprès des boutons boursiers, en ayant bien soin de ne pas endommager ces derniers. En procédant ainsi, on obtient le résultat désiré.

Remarques à propos des arbres à tige en plein vent.

J'ai remarqué, dans beaucoup de localités, que les arbres en plein vent étaient abandonnés, pour ainsi dire, non-seulement aux vents de toutes sortes qu'ils sont faits pour supporter, mais encore à la plus grande malpropreté, qu'un arbre, quel qu'il soit, ne supporte pas sans danger.

Les mousses, les lichens, le bois mort, une foule de brindilles inutiles, et toutes sortes de plantes parasites élisent leur domicile partout où il y a de la place, de sorte qu'il n'en reste plus pour les fruits, ou bien ces fruits sont petits et de mauvaise qualité.

Faire un nettoyage général tous les deux ans n'est pas une grande affaire. Faites-le donc, et, après avoir enlevé toutes ces superfluités nuisibles, vous serez grandement récompensé de vos peines ; une nouvelle sève revivifiera l'arbre, et les fruits deviendront bien supérieurs en qualité.

Mauvais effets d'une taille trop courte sur des arbres sains et vigoureux.

Dans beaucoup de jardins, j'ai remarqué que les arbres fruitiers sont coupés beaucoup trop courts, c'est-à-dire, que la taille se fait sans raisonnement et par routine, par conséquent sans art ni méthode. On objectera peut-être qu'en taillant plus longues les branches latérales d'une pyramide, il est impossible de pouvoir cultiver beaucoup d'espèces d'arbres dans un petit jardin. Eh bien, je dirai que c'est une erreur. On peut également cultiver beaucoup d'essences fruitières sur un espace assez restreint, lorsqu'on sait donner aux arbres les soins nécessaires à leur formation.

Au lieu d'avoir une chandelle avec des branches

latérales confondues dans les bifurcations et dans les
brindilles, les têtes de saules, les chancres, etc., si on
cherchait à obtenir de ces belles chandelles ou colonnes
comme on en voit au jardin de l'école de médecine de
Paris et au jardin du Luxembourg, je comprends que
cette forme est productive et agréable à l'œil. Mais sur
ces modèles d'arbres, il n'existe aucune des défectuo-
sités que je viens de citer : toutes les branches laté-
les sont prises par séries, sur la tige verticale ou
rameau-flèche, et pas une n'est à cheval sur l'autre ;
ces branches sont tenues dans une position plutôt verticale qu'horizontale ; et garnies latéralement de lambourdes. Voilà des exemples à imiter ; lorsqu'on arrive
à ces résultats, on ne regrette plus la routine, ennemie
du progrès.

Je dirai donc que la taille courte est d'autant plus
mauvaise que l'arbre est vigoureux ; car le peu de bois
laissé ne suffit pas pour l'épanchement de la sève. Les
quelques yeux laissés pour prolongement et ramifications fruitières, reçoivent une nourriture trop abondante ; il en résulte que des bourgeons à bois se développent avec force et appauvrissent les rameaux fruitiers placés en-dessous d'eux. Ce n'est pas tout, ces
tailles courtes qui se réitèrent chaque année empêchent
la croissance de l'arbre, l'écorce se durcit et n'offre plus
assez d'élasticité pour livrer passage au fluide séveux.
De là des nodosités, des chancres, des arbres rachitiques, des fruits petits et souvent pierreux. Les arbres
fruitiers soumis à un traitement aussi peu en rapport
avec la physiologie végétale, arrivent pour la plupart,
et jeunes encore, à une fin prématurée.

Dans la nature on ne fortifie rien par l'atrophie. Un

sujet vigoureux, pour se développer, a besoin d'air, de lumière, d'une nourriture appropriée à son espèce, et doit pouvoir dépenser la force qui est en lui, qu'il soit animal ou végétal.

Composition pour détruire les lichens et les insectes.

Les arbres attaqués par les mousses, les lichens et les insectes, le kermès, par exemple, doivent être badigeonnés avec la composition suivante :

        5 litres d'eau,
        2 kilogrammes de chaux vive,
        1 kilogramme de mine de plomb,
        1/2 litre d'esprit de sel.

On fait dissoudre la mine de plomb dans l'esprit de sel, et l'on mêle avec l'eau de chaux ; on ajoute un demi-litre d'essence de térébenthine.

Un kilogramme de poudre de charbon bien broyé donne à cette composition une teinte grise, qui est moins désagréable à l'œil qu'un badigeonnage blanc.

Vigne. Conduite et taille.

Pour la vigne, le cordon est préférable à toutes les autres formes. Les murs sont plus promptement garnis au moyen des palmettes, mais elles durent moins longtemps.

Pour obtenir des coursons[1] à la même distance les
uns des autres, et sur la partie supérieure des branches
si j'ai affaire à des cordons, ou de côté si j'ai affaire à
des palmettes, je taille à la longueur de deux, trois

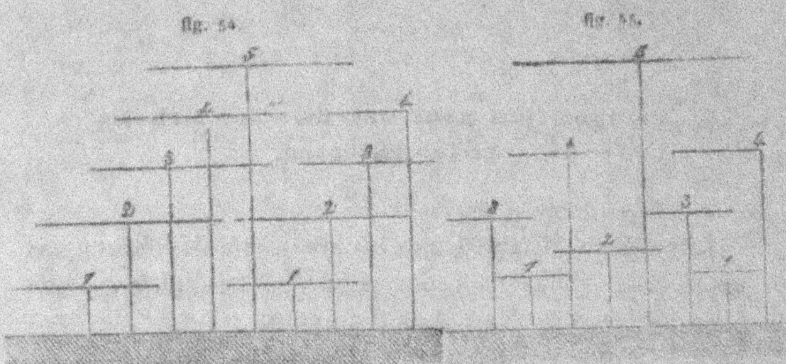

Vigne à la Thomery.   Thomery à la Malot.

ou quatre nœuds, selon la vigueur de la végétation, ce
qui me donne un prolongement de 25, 30 ou 35 centimètres.

(1) On distingue, dans les arbres fruitiers soumis à la taille,
les sortes de branches suivantes :

Les branches-mères, qui naissent du collet, reçoivent directement la sève des racines, la distribuent aux différentes parties
de l'arbre, et servent de support aux autres ramifications.

Les branches-mères se ramifient et donnent naissance à d'autres branches, qui prennent le nom de branches sous-mères.
Celles-ci se distinguent encore, dans les arbres en espalier, en
branches sous-mères supérieures et sous-mères inférieures,
selon qu'elles naissent en-dessus ou en-dessous des branches-
mères.

Les branches sous-mères peuvent encore se subdiviser en un
troisième ordre de branches, auxquelles on donne le nom de
branches tertiaires.

On nomme coursonne, la quatrième sorte de branches. Ces
branches prennent naissance sur les mères, les sous-mères et
les tertiaires des arbres à fruit à noyau et de la vigne. Elles sont

Je ne fais pas de choix pour l'œil qui doit me servir à prolonger ma branche, ou mon cordon, ou ma palmette; je le prends indifféremment dessus ou dessous; je préfère seulement celui qui doit redresser ma branche.

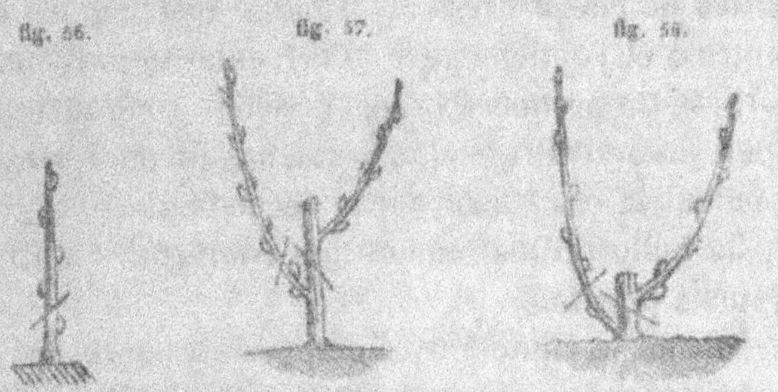

fig. 56.   fig. 57.   fig. 58.

Taille des coursonnes.   Taille des coursonnes.   Taille des coursonnes.

courtes, noueuses, plus ou moins difformes, et portent des rameaux à fruits.

Telles sont les principales sortes de ramifications qu'on distingue dans les arbres fruitiers soumis à la taille. Pour résumer ce que je viens de dire à cet égard, j'ai réuni dans le tableau suivant la liste de ces diverses ramifications.

Bourgeons
- gourmands.
- ordinaires.
- anticipés ou faux bourgeons.
- mixtes.
- radicaux.

Rameaux
- gourmands.
- à bois.
- à fruits . . . .
  - bouquet proprement dit.
  - chiffon.
  - lambourde.
  - dard.
  - brindille.
- mixtes.
- sarments.
- radicaux.
- anticipés ou faux rameaux.

Branches
- sous-mères . . . . . .
  - supérieures.
  - inférieures.
- tertiaires.
- coursonnes . . . . . .
  - supérieures.
  - inférieures.

Je prends la branche qui avoisine la flèche, et je la palisse horizontalement si j'ai affaire à un cordon, verticalement si j'ai affaire à une palmette.

Cette branche est toujours plate; les yeux sont placés, à peu de chose près, à la même distance les uns des autres, et j'obtiens ainsi une régularité parfaite.

Si cette première branche venait à me manquer, ou qu'il lui arrivât quelque accident, je puis sans inconvénient la remplacer par la seconde.

Je taille ordinairement mes coursonnes à un œil, et jamais plus long.

Quand la vigne a trois grappes au bourgeon, la troisième grappe se trouve à 27 centimètres de l'insertion du bourgeon ; on peut couper le bout de ce bourgeon aussi court que possible, et sur le nœud même de la grappe, sans altérer ni la grappe ni le bourgeon. Grâce à cette méthode, on obtient souvent deux récoltes[1].

Voici comment doivent s'établir les cordons.

Sur un mur de 2 mètres 25 centimètres de hauteur on place 5 cordons, le premier à 33 centimètres du sol, les suivants à 35 centimètres l'un de l'autre ; cette hauteur est suffisante pour le palissage.

Les pieds de vignes doivent être plantés à 50 centimètres l'un de l'autre, dans l'un des deux ordres indiqués dans les figures ci-dessus, et qui représentent à la fois un modèle de Thomery ancienne, 1, 2, 3, 4, 5, et un modèle de Thomery à la Malot, 3, 1, 4, 2, 5. Ces chiffres indiquent l'ordre de plan-

----

(1) Ce pincement serait excellent sur des vignes cultivées dans les serres; on serait assuré de deux récoltes par année de végétation.

tation d'après la ligne sur laquelle doit s'étendre le cordon. La Thomery à la Malot est préférable à l'ancienne Thomery, elle garnit mieux les murs. Chaque cordon a deux mètres 35 centimètres à parcourir.

Pour les contre-espaliers, il faut avoir des pieux qu'on enfonce en terre de 50 centimètres ; ils doivent avoir en longueur 1 mètre 50 centimètres, et on les place à 1 mètre 70 centimètres l'un de l'autre. Le premier cordon se place à 36 centimètres du sol, le second à 32 centimètres au-dessus du premier, ce qui donne 16 centimètres entre chaque lien de treillage, distance suffisante pour le palissage. Les pieds de vignes sont plantés à 1 mètre 50 de distance, afin que chaque cordon ait 3 mètres à parcourir.

Ces contre-espaliers peuvent servir pour des cordons de poiriers, pommiers, abricotiers, cerisiers, pruniers, d'une hauteur de 50 centimètres.

La vigne doit être rajeunie tous les quinze ou vingt ans. Qu'elle soit placée en contre-espalier ou le long d'un mur, voici comment je rajeunis la vigne.

Je découvre au mois de mars tous les pieds de vignes que je veux rabattre à 10 ou 12 centimètres de profondeur, et sur la première couronne de la racine ; je les coupe avec une serpette ou une scie à main, et je les laisse à découvert, jusqu'à ce que la sève ait fait sortir des bourgeons de 12 à 15 centimètres. Je choisis alors les meilleurs de ces bourgeons, et je supprime tous les mauvais ; je recouvre les pieds de vignes avec soin, et j'ai ainsi de jeunes scions et de jeunes racines, tandis que ceux qui rabattent la vigne à quelques centimètres au-dessus du sol, n'ont que du jeune bois, mais non de jeunes racines.

On rajeunit la vigne le plus souvent en la couchant. Cette méthode, connue depuis longtemps, est assez difficile à pratiquer ; mais le rajeunissement dure plus longtemps.

La greffe de la vigne est considérée par beaucoup de personnes comme impossible, à cause de la moelle qu'elle contient en grande quantité. Voici cependant un moyen de varier les espèces par la greffe : c'est une ancienne méthode, mais qui n'est pas assez connue.

On dégage les pieds de vignes que l'on veut greffer, de 8 à 10 centimètres de profondeur ; on les coupe sur ce point au moyen d'une scie ; ensuite on les fend, et dans la fente on introduit la greffe taillée en biseau comme toutes les greffes en fente, en ayant soin de laisser un œil au milieu du biseau. On lie fortement avec un osier, et on enduit de cire à greffer. L'œil laissé au milieu du biseau prend racine, et procure à l'œil laissé hors de terre une végétation très-vigoureuse.

Si le sujet est gros, la ligature devient inutile. Cette greffe peut aussi se faire hors de terre. C'est au mois de mars, avec des rameaux conservés en terre, que doit se faire l'opération.

Procédé pour faire mûrir plus vite le raisin.

On a l'habitude, pour faire avancer la maturité du raisin, de procéder à l'effeuillage ; mais pour effeuiller sans que la grappe ait à craindre les coups de soleil, il

fant avoir soin de n'enlever que les feuilles de derrière,
et non celles de devant, qui doivent être conser-
vées pour servir d'ombrelles au fruit. En opérant cet
effeuillage avec précision, on fera mûrir le raisin huit
jours plus tôt ; les feuilles de derrière étant enlevées,
la réflexion de la chaleur par le mur arrive directement
sur le raisin, et active sa maturité. Cet effeuillage
peut se faire aussitôt après la floraison.

Procédé pour colorer le raisin.

Pour donner de la couleur au raisin, on prendra de
l'eau la plus froide possible. A neuf litres d'eau on ajou-
tera un litre de vinaigre ; ensuite, on prendra un pin-
ceau de moyenne grosseur, et, en frappant de ce pin-
ceau sur un bâton tenu de la main gauche, on aspergera
les grains d'une pluie très-fine de l'eau qu'on a préparée. Ces goutelettes, perlant sur le raisin et séchant au
soleil, donneront à la peau la couleur jaune doré du
raisin si renommé à juste titre de Fontainebleau.

Cette opération doit se faire quand le raisin commence à mûrir, et à l'ardeur d'un grand soleil.

Procédé pour garantir la vigne des ravages des oiseaux.

Afin d'empêcher que les oiseaux ne mangent les raisins, il faut tendre des fils en travers et en long, à la distance de 11 à 12 centimètres les uns des autres. C'est le meilleur épouvantail : les oiseaux s'y prennent les ailes, et renoncent à venir s'y prendre une seconde fois. Dans le cas où l'on voudrait étendre des toiles devant les espaliers, on obtiendrait un résultat analogue.

Les toiles sont moins coûteuses que les sacs, et peuvent servir, au printemps, à préserver les fleurs du pêcher des gelées tardives. Le même moyen peut être employé pour tous les arbres à fruits en espalier ou à haute tige.

Procédé pour conserver le raisin frais et longtemps.

Pour conserver le raisin frais et longtemps, il faut avoir un local très-sec, situé le plus possible au nord, privé d'air et abrité de la gelée. On y étend des perches, des cerceaux ou des ficelles, et on y suspend les grappes de raisin au moyen de fil de fer, préférablement à toute autre suspension. Le fil de fer choisi doit être du n° 7 ou 8 ; les brins, d'une longueur de 15 à 16 centimètres, devront être recourbés en S.

On réussit aussi par la méthode suivante, qui consiste à remplir un tonneau alternativement d'un lit de sciure de bois séchée au four, et d'un lit de raisin. On ferme le tonneau hermétiquement, et on le laisse dans le lieu sus-indiqué.

On peut encore conserver le raisin dans des boîtes de bois ou de fer-blanc hermétiquement fermées. Ces boîtes doivent être longues et de la hauteur seulement de deux lits de raisin, sans sciure ni autre chose. Une fois fermées, on les enterre dans une cave à la profondeur de **30** à **35** centimètres. On a ainsi du raisin très-frais jusqu'à la fin d'avril.

Procédé pour obtenir des grappes rondes et de gros grains.

Pour obtenir des grappes rondes et de gros grains, il faut, après la floraison, supprimer l'extrémité de chaque grappe. Par ce moyen, le bout de la grappe, qui est ordinairement couvert de petits grains qui mûrissent difficilement, se trouve en rapport avec le reste.

Remède contre l'oïdium.

L'oïdium est un petit champignon qui se manifeste sur la vigne, et détruit complètement la récolte des ceps sur lesquels il s'implante.

Je fus appelé, il y a cinq ans, dans une propriété aux environs de Paris, chez M. Bertrand, député de l'Yonne, qui me confia le soin et la direction de ses cultures, notamment de ses arbres fruitiers. Il me fit remarquer que beaucoup de vignes, occupant un espace considérable, étaient envahies chaque année par l'oïdium. Il me manifesta le désir de voir disparaître de son jardin toutes ces treilles qui, disait-il, étaient empoisonnées, et sur lesquelles tous les remèdes employés antérieurement pour les guérir avaient échoué.

Je n'essaierai pas d'énumérer ici tout ce qui a été dit et fait pour combattre l'oïdium. Tous les jours encore on voit paraître, dans les journaux, de nouveaux procédés qui ressemblent plus au merveilleux qu'au positif, et qui, pour la plupart, n'ont amené jusqu'à présent aucune bonne solution.

Je reviens à mes treilles. Je fis remarquer à M. Bertrand que ces vignes avaient une vigueur peu commune, et qu'il serait malheureux d'arracher pour le jeter au feu un bois aussi précieux. J'obtins donc d'essayer une dernière tentative avant de procéder à l'arrachage définitif.

J'employais contre l'oïdium, depuis déjà longtemps, le remède le plus simple et connu de tout le monde, c'est-à-dire du soufre en poudre, que je répandais sur la vigne au moyen d'un soufflet. Malgré les bons résultats que j'obtenais en procédant de cette manière, j'avais remarqué que, dans mes opérations antérieures, le soufre laissait toujours quelques traces d'oïdium, quoique employé en temps opportun. J'avais apprécié néanmoins la vertu du soufre pour cet usage : c'était réellement le remède le meilleur de tous ceux employés jusque-là.

Je me vis donc forcé, pour tenter un dernier effort, de chercher un moyen plus efficace, afin de parvenir à guérir radicalement les treilles précieuses qui m'étaient confiées. Je choisis donc premièrement de la chaux, qui est un alcali; j'y ajoutai du tabac à fumer, lequel contient la nicotine, poison très-actif, et enfin du soufre, substance minérale nuisible à certains insectes. Je vais faire connaître la préparation de cette composition, qui détruit l'oïdium sans en laisser une seule trace, ainsi que la manière de l'employer.

Composition et emploi. — On prendra un demi-hectolitre de chaux vive, qu'on délaiera dans un tonneau. Lorsque cette chaux est bien délayée, il faut y joindre 100 litres d'eau, bien remuer le tout et laisser reposer. Au bout de quelque temps, la chaux étant déposée, l'eau est devenue très-claire, sauf la petite croûte formée par la chaux à la surface. On prendra 20 litres de cette eau, que l'on fera bouillir, en y plongeant un demi-kilogramme de soufre et 200 grammes de tabac à fumer. On laissera bouillir la composition pendant trois quarts d'heure, en ayant soin de remuer continuellement. Il suffit ensuite de la retirer du feu pour se clarifier et se refroidir. On en versera 3 litres dans un arrosoir, en y ajoutant 7 litres d'eau pure, et on agitera bien avant de l'employer. On apprête cette composition au moment de l'opération, ou quelques jours avant.

Vers le mois d'avril, lorsque la sève ascendante prend son essor, et qu'elle circule dans les parties fibreuses et utriculaires du végétal, elle favorise le développement des gemmes ou bourgeons.

Lorsque ces jeunes bourgeons ont atteint 2 centimétres de longueur, on prend une pompe à main, semblable à celle dont on se sert pour donner des seringages ou bains de vapeurs dans les serres chaudes. Après avoir bien remué le contenu du liquide, on bassine non-seulement sur la treille, mais aussi toute la surface du mur que ce fluide doit imprégner. On laisse les choses dans cet état jusqu'à ce que les bourgeons aient atteint 8 centimètres de longueur; puis on recommence l'opération.

Le troisième seringage s'opère lorsque le raisin est en verjus; on devra profiter d'un beau temps pour opérer comme je viens de dire, afin que les rayons solaires agissent de suite sur les couches épidermiques du végétal.

Par ce procédé, dont le succès est infaillible, on aura de très-beau raisin (quand même les treilles seraient malades depuis longtemps), dont l'épicarpe[1], jaune et luisant, attestera la santé parfaite de la plante.

Ce mélange peut être employé avec avantage sur le pêcher, et sur les autres essences fruitières affectées de lèpre, blanc ou meunier, kermès, etc., qui, collés sur les couches les plus extérieures du bois, en bouchent les organes respiratoires. La plante n'ayant plus rien à aspirer des bonnes influences des gaz atmosphériques, sa végétation reste stationnaire jusqu'à ce que la chlorose, le chancre, la phthisie, et ensuite la mort, vienne mettre un terme aux désordres causés par les ulcères rongeurs.

J'engage donc les amateurs et horticulteurs à user de cette composition lorsqu'ils verront apparaître sur

---

(1) Epicarpe, petite peau qui recouvre les grains.

leurs treilles des traces d'oïdium; j'ai rétabli et guéri par ce procédé toutes les vignes du jardin de M. Bertrand, ainsi que beaucoup d'autres, que j'ai toujours traitées de la même manière et avec les mêmes résultats.

Théorie de la greffe.

La greffe, une des opérations les plus importantes du jardinage, a pour but de souder un végétal à un autre qui lui sert de soutien et lui fournit la matière de son alimentation. Elle fait, en quelque sorte, deux plantes en une seule; l'une, nommée le sujet, dont les racines puisent dans le sol la nourriture commune; l'autre, le scion ou l'écusson, suivant le cas, destinée à former la partie aérienne de la plante mixte, à produire les feuilles, les fleurs et les fruits. Les procédés pour greffer sont multiples, comme sont multiples aussi les résultats que la greffe se propose d'atteindre.

C'est par la greffe qu'on obtient l'avantage considérable de hâter de plusieurs années la fructification d'arbres de semis, (poiriers et pommiers), et par là de juger, en un temps relativement court, de la valeur de ces arbres par la qualité de leurs fruits.

La greffe n'est praticable qu'entre végétaux dicotylédonés. On nomme ainsi les végétaux qui, au sortir de la graine, ont deux cotylédons ou feuilles séminales. Ces cotylédons sont opposés, quelquefois au nombre de trois verticillés. La tige est formée de fibres et de vaisseaux, formant un cylindre autour d'une moelle centrale. L'accroissement se fait par des couches concentriques. Les tentatives faites jusqu'ici pour y soumettre les végétaux monocotylédonés n'ont été suivies d'aucun succès durable. Les plantes monocotylédones diffèrent des plantes dicotylédones, en ce qu'à la germination la plantule n'a qu'un seul cotylédon ou feuille séminale. La tige est composée de fibres et de vaisseaux épars dans la masse du tissu cellulaire, ne formant pas un cercle régulier comme dans le tronc du chêne. Les tiges vivaces ne s'accroissent pas par des zones concentriques distinctes de bois et d'écorce.

Cette différence dans les résultats s'explique par la structure même des tiges et leur mode d'accroissement dans ces deux ordres de plantes. Chez les dicotylédones il existe, entre le bois et l'écorce, un actif foyer d'organisation dont les agents sont, d'une part le cambium, de l'autre le parenchyme cellulaire tant de l'écorce que du bois naissant; chez les monocotylédones, au contraire, il n'y a ni écorce ni couche cambiale proprement dite, et toute la force organisatrice est accumulée dans un bourgeon terminal. De là l'impossibilité de souder une tige de monocotylédone à une autre, la production d'un nouveau parenchyme et l'afflux de la sève étant trop faibles dans l'une ou l'autre des parties rapprochées, ou dans toutes deux, pour en amener l'agglutination.

Même restreinte aux végétaux dicotylédonés, la greffe n'est possible qu'entre les plantes ayant de grandes analogies de structure et de sève. Ainsi, elle est facile entre individus de même espèce, assez facile encore entre espèces congénères; elle devient au contraire plus chanceuse entre espèces de genres différents, surtout s'ils sont éloignés l'un de l'autre par leurs caractères botaniques ou la nature de leur sève. On ne cite aucun cas de greffe entre plantes de familles distinctes, malgré les essais réitérés qui ont été faits. La seule exception connue est celle du gui, dont les scions se soudent à la plupart de nos arbres indigènes ; mais c'est là bien moins une greffe, dans l'acception propre du mot, qu'on fait de parasitisme, qui est dans la nature même du gui (viscum album).

La théorie de la greffe repose sur les principes suivants :

1° Qu'il y ait un contact intime entre le sujet et la greffe (scion ou écussons), sans interposition d'épiderme ou d'un corps étranger quelconque ; 2° que ce contact ait lieu entre des parties jeunes, vivantes, contenant du tissu cellulaire et imbibées de cambium ; 3° qu'il y ait au moins un œil ou bourgeon sur le scion greffé ou sur l'écusson ; 4° qu'entre l'espèce du sujet et celle de la greffe il y ait analogie de sève, et jusqu'à un certain point analogie de tempérament ; 5° enfin, que les greffes soient mises à l'abri de la dessiccation, jusqu'à ce qu'elles soient soudées au sujet et qu'elles puisent, dans les sucs de ce dernier, de quoi réparer les pertes que l'évaporation leur fait subir.

Le cambium ou sève descendante, source de tous les tissus du végétal, est l'agent essentiel de l'agglutination des parties rapprochées. Il chemine, ou tout au moins il afflue, dans les couches intérieures et vivantes de l'écorce ; on le trouve aussi dans les couches superficielles de l'aubier, dans la moelle encore jeune et succulente, et enfin dans les rayons médullaires qui réunissent le parenchyme central à celui de la périphérie. L'agglutination de la greffe au sujet s'effectue, tantôt par toutes ces parties, tantôt seulement par quelques-unes d'entre elles ; l'essentiel est qu'il y ait communication de cambium de l'un à l'autre. Le succès de l'opération est, toutes conditions égales d'ailleurs, d'autant plus assuré que la surface de contact est plus grande.

On a professé quelque temps cette doctrine, que la sève descendante du scion enveloppait graduellement le sujet, du point greffé à l'extrémité de ses racines, et lui formait comme un étui de bois dans lequel il serait enfermé, en d'autres termes, qu'elle transformait l'arbre greffé en un arbre de même espèce que la greffe. Cette opinion est journellement démentie par les faits de la pratique. Au-dessous de la greffe, le sujet conserve intégralement sa nature, sans aucune modification, et toutes les pousses qu'il émet sont de sa propre essence. Qu'un poirier, par exemple, ait été greffé sur coignassier, tous les drageons qui sortiront du pied de l'arbre seront de l'espèce du coignassier. La greffe développée et le sujet constituent en réalité deux arbres superposés qui vivent de la même vie, qui sont solidaires l'un de l'autre, mais qui restent distincts ; ils sont intimement liés l'un à l'autre, sans solution de continuité, mais ils sont simplement juxtaposés, et ni leurs fibres ni leurs sèves ne s'entremêlent.

Entre certains arbres cette soudure offre une grande solidité ; entre certains autres elle reste toujours faible, et il n'est pas sans exemple qu'après de longues années de vie commune les deux arbres soudés se séparent sans rupture proprement dite, par l'effet d'un choc, d'une traction ou de tout autre accident.

La reprise des greffes est d'autant plus facile, que leur analogie spécifique avec le sujet est plus grande. C'est ainsi que toutes les variétés de poirier se greffent sans difficulté sur des sujets de poirier, toutes celles de pommier sur des sujets appartenant au genre pommier (pommier paradis, pommier doucin), et ainsi de suite. De genre en genre, l'union se fait encore quelquefois avec facilité ; mais ici les affinités ou les antipathies ne se préjugent pas toujours avec certitude d'après les ressemblances ou les différences extérieures, et c'est à l'expérience qu'il a fallu demander des renseignements. C'est ainsi, par exemple, que, malgré leurs connexions botaniques, le poirier et le pommier ne peuvent être greffés l'un sur l'autre, au moins d'une manière durable, tandis que le poirier, en apparence plus éloigné du coignassier, et surtout de l'aubépine, qui appartiennent à des genres botaniques différents, se greffe au contraire fort bien sur chacun de ces arbres. Ce sont des sympathies ou des antipathies de même ordre qui font que la planère reprend sur l'orme, le lilas sur le troène, le chionanthe sur le frêne, le bibassier (eryobotria japonica) sur le coignassier ; et qu'au contraire le coignassier du Japon (chanameles), si voisin du coignassier ordinaire, refuse de s'unir à lui. En somme, c'est plutôt une certaine manière d'être , un habitus intérieur, si l'on peut se servir de cette expression, que les caractères extérieurs et plus botaniques, qui détermine l'aptitude des espèces d'une même famille à s'unir par la greffe.

Le tempérament des plantes qu'on se propose de réunir par la greffe doit aussi être mis en ligne de compte : c'est-à-dire la rusticité et l'aptitude à résister au froid sous un climat donné ; le besoin plus ou moins grand, suivant les espèces, d'un temps de repos, pendant lequel le travail de la végétation est tout intérieur ; la précocité ou la tardiveté de la pousse au printemps ; la persistance ou la caducité des feuilles ; l'inégale résistance à la sécheresse de l'air ou du sol. Il est rare que, sous ces différents rapports, la greffe et le sujet présentent une identité absolue ; mais tant que les différences sont peu considérables, le succès de l'opération n'en est pas sensiblement compromis.

Il serait impossible de greffer un arbre à feuilles caduques sur un autre à feuilles persistantes, parce que chez ce dernier, dont la végétation ne chôme ni au même degré ni aussi longtemps que celle de l'arbre à feuilles caduques, la discordance qui s'établit entre la racine active et la partie aérienne à l'état de repos amène un trouble des fonctions intérieures auquel l'arbre ne résiste pas.

Il y a encore d'autres recommandations, dont il est bon et nécessaire de ne pas s'écarter. Ainsi, par exemple, la greffe et le sujet doivent être à peu près au même degré de consistance. Une greffe herbacée s'appliquera sur une tige ou un rameau également herbacé, une greffe ligneuse sur un sujet ligneux. Il y a cependant des exceptions, mais rares et ne détruisant pas la règle ; telle est, entre autres, la greffe si communément pratiquée des rameaux à demi-ligneux de la pivoine en arbre sur les racines toutes herbacées de la pivoine commune.

C'est par une convenance du même ordre qu'il faut, autant que possible, choisir, pour greffer l'un à l'autre, des individus dont la sève se met en mouvement ou s'arrête aux mêmes époques de l'année. Parmi les individus d'une même espèce, il en est de précoces et de tardifs ; il arrive même parfois qu'ils présentent de grandes différences sous ce rapport ; à plus forte raison ces différences sont-elles sensibles entre individus de variétés, de races ou d'espèces distinctes. L'horticulteur fera donc concorder, autant que les circonstances le lui permettront, ces particularités de tempérament. Il n'y aura toutefois qu'un faible inconvénient à ce que la greffe appartienne à une race un peu plus tardive que celle du sujet ; l'inconvénient serait plus grave si elle était notablement plus précoce que lui, et qu'elle fût sollicitée à entrer en végétation avant que ce dernier pût lui fournir la sève qui doit l'alimenter.

On a souvent comparé les greffes aux boutures, et ce n'est pas sans raison. Ce sont de véritables boutures, mais qui, au lieu de vivre sur leur propre fonds, puisent une nourriture toute préparée dans le sujet. De même que les boutures proprement dites, il faut qu'elles se conservent vivantes jusqu'à ce que la communication soit établie entre elles et le sujet.

Les greffes ne reprenant qu'à la condition d'être imbibées de sève ainsi que les sujets, l'horticulteur mettra dans ses opérations toute la célérité possible pour ne pas donner aux scions, et surtout aux écussons, dont le volume est très-faible, le temps de se dessécher au contact de l'air. Il choisira d'ailleurs les jours ou les moments du jour les plus convenables pour éviter cette dessiccation, qui, dans la plupart des cas, annulerait le résultat de ses opérations.

Les époques où il convient de greffer varient suivant les plantes, et surtout suivant les climats. On n'a pas de peine à comprendre qu'elles ne sauraient être exactement les mêmes en Picardie, et en Provence, au nord de l'Europe et au midi. Sous nos climats tempérés, on peut greffer pour ainsi dire en toute saison, pourvu qu'on prenne les précautions nécessaires pour conserver la vitalité des greffes. Il y a toutefois des moments plus favorables que d'autres, c'est-à-dire, où, avec moins d'efforts, l'horticulteur arrive plus souvent au résultat voulu. Ces moments sont le printemps et l'automne pour la plupart de nos arbres indigènes, et des arbres exotiques qu'on cultive en plein air. Les greffes herbacées, celles des conifères, par exemple, qui se pratiquent lorsque la végétation est dans toute sa force, font seules exception ; encore pourrait-on les considérer comme des greffes printanières retardées. Dans les serres, on greffe toute l'année, suivant le besoin ; mais là on a affaire à des plantes d'un tout autre tempérament, et la chaleur factice qu'on y entretient, ainsi que les appareils dont on dispose pour empêcher ou modérer l'évaporation, constituent des conditions toutes particulières. Néanmoins, même dans les serres, le printemps et l'automne sont encore les moments les plus favorables pour la greffe des végétaux ligneux, et ceux qu'on doit préférer lorsqu'on a le choix.

Méthode de greffer.

La greffe a pour résultat immédiat le changement du tronc ou des branches d'un végétal.

Ce changement ne s'opère qu'entre plantes qui ont entre elles beaucoup d'analogie. Les botanistes rangent les végétaux qui ne sont congénères qu'à un degré peu éloigné en une famille unique, et beaucoup de ces végétaux ne reprendraient pas an moyen de la greffe, quoique appartenant à la même famille, ou du moins, si quelques végétaux se prêtent à cette opération, et que la nature vienne en aide à l'art du praticien, les résultats obtenus sont quelquefois chétifs et sans valeur.

On greffe de plus de deux cents manières ; je ne parlerai ici que des greffes les plus généralement admises dans les cultures fruitières, les plus sûres et les plus faciles à exécuter.

Je parlerai bientôt d'un nouveau procédé de greffe qui est entièrement inconnu, et qui offre les plus grands avantages pour garnir un arbre de branches charpentières et de rameaux à fruits.

Pour exécuter la greffe, il faut se munir d'une petite scie à main (dite *égohine*). Les dents de cette petite scie doivent ouvrir une large voie, afin que la coupe que l'on pratique dans le bois vert s'exécute plus facilement. On aura aussi un greffoir, et une petite serpette, ainsi qu'un petit maillet en bois, qui servira à frapper pour fendre les sujets.

Greffe en fente simple.

On donne le nom de *sujet* à l'arbre que l'on opère, et celui de *greffe* au rameau qu'on y implante.

Avant d'opérer la greffe en fente sur un sujet, il faut

d'abord s'assurer de sa force végétative; ensuite voici de quelle manière on procède.

Supposons que nous ayons à notre disposition de jeunes sauvageons de pommiers provenant d'un semis de pepins ou de marc de pommier. Après la levée, ces sujets seront disposés en rangs en pépinière. Plus tard, si l'on se proposait de faire des arbres à haute tige et

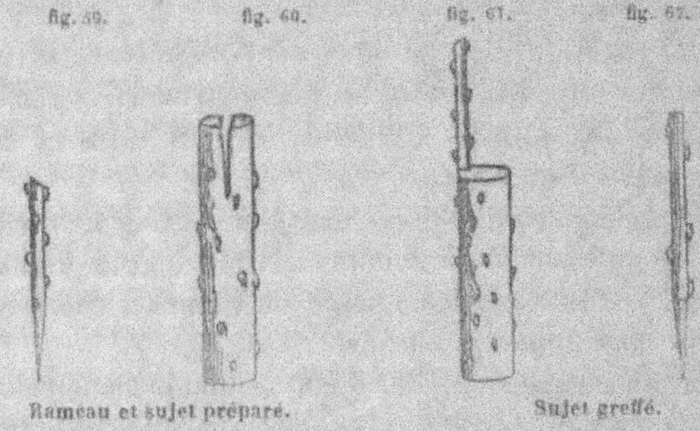

Rameau et sujet préparé.   Sujet greffé.

en plein vent, il suffirait de rabattre ces jeunes sujets à quatre ou cinq pieds de hauteur, et ils devront avoir la grosseur du pouce.

Il faut toujours avoir soin de couper les différentes variétés dont on pourrait avoir besoin, dans l'hiver, c'est-à-dire en janvier. Ces greffes seront mises en terre au nord, afin que, lorsque le moment sera venu de greffer, la végétation de ces rameaux ainsi détachés soit restée stationnaire, tandis que les sujets sur lesquels on opère devront être en pleine végétation. Faute de ce soin, les rameaux détachés seulement au moment de les greffer seraient trop avancés, et ne trouveraient qu'une sève insuffisante relativement au degré élevé de leur végétation. Ainsi, il faut que la sève soit fortement lancée dans les sujets sur lesquels on opère, tandis que les rameaux destinés pour la greffe doivent être dans l'inaction.

Opération. Après avoir rabattu la tête du sujet avec la scie à main, coupe qui doit être faite horizontalement, on l'unit avec la serpette, qui est ensuite appliquée sur le dessus de la coupe du sujet; puis, à l'aide du maillet en bois, on frappe afin de pratiquer une fente ayant 5 ou 6 centimètres de longueur. De là, à la place de la serpette, on introduit un petit coin en bois, qui, en tenant le sujet entr'ouvert, donne facilité d'y placer une greffe. Cette greffe a 12 à 15 centimètres de longueur, suivant la vigueur du sujet, et est taillée, à la base, à 5 centimètres de longueur, en biseau de chaque côté, représentant la lame d'un couteau. L'extrémité de la greffe doit être taillée au-dessus d'un œil à bois, tel que le représente la figure première.

La greffe une fois introduite dans la fente, il faut avoir soin que l'écorce intérieure du sujet coïncide bien avec l'écorce intérieure de la greffe. Alors on retire le petit coin en bois, et la greffe se trouve ainsi serrée; il ne reste plus qu'à cicatriser, afin d'éviter le contact de l'air, avec de la cire à greffer jusque sur la partie tronquée du sujet. Depuis quelques années, on emploie un liquide froid que l'on trouve chez son inventeur, M. L'homme Lefort, de Belleville près Paris. C'est un nouveau progrès pour ce travail. Ce mastic a la consistance d'une bouillie épaisse, que l'on étale facilement sur la greffe avec une petite spatule en bois. Au bout de très-peu de temps il devient d'une dureté extraordinaire, ne se ramollissant pas au soleil et ne se fendillant pas sous l'influence des gelées ; l'humidité n'y peut rien, au contraire elle le solidifie : réunissant tant d'avantages, ce mastic est donc préférable à tous ceux employés jusqu'à ce jour. Lorsqu'il est appliqué, on laisse les greffes dans cet état.

Greffe en fente double.

La greffe en fente double ne diffère en rien de la greffe en fente simple ; seulement, on place deux greffes sur le sujet au lieu d'une seule. Lorsque les sujets sont assez forts, la greffe en fente double est plus avantageuse, par la raison qu'il y a moins de vide dans l'écarte-

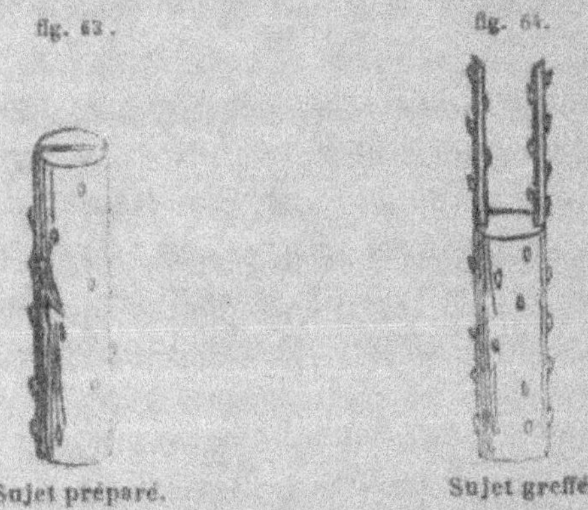

ment, que la reprise est plus assurée, et que les sujets se cicatrisent plus vite que dans la greffe en fente simple.

Si les deux greffes que l'on a posées, par exemple, sur un arbre, reprennent bien, on aura soin d'en retrancher une, et l'autre suffira pour former l'arbre ;

on détruira la plus faible des deux. Ceci n'a lieu que pour les arbres à hautes tiges : si, en effet, on laissait les deux greffes séparées l'une de l'autre sur le haut de la tige, il y aurait à craindre, comme cela arrive souvent, de voir, dans une année de fertilité, soit à cause du poids produit par le fruit, ou même quelquefois à cause de l'intempérie de la saison, l'arbre se briser ou se fendre en deux parties. Dans le cas, au contraire, où il s'agirait d'un espalier, on laisserait ces deux greffes opposées, qui serviraient à former deux branches-mères verticales.

Greffe en fente Bertemboise.

Pour opérer cette greffe, au lieu de couper la tige du sujet horizontalement comme dans les deux greffes précédentes, on coupera en biseau ; cette sorte de greffe est préférable lorsque l'on a affaire à de faibles sujets sur lesquels on ne peut placer qu'une greffe. L'action de la coupe oblique déterminera la sève, en l'attirant des racines vers la greffe, qui poussera plus vigoureusement ; cette opération se pratique comme pour la greffe en fente, les rameaux sont préparés et placés de même.

fig. 65.

Sujet greffé.

Greffe en couronne.

Si un arbre est déjà âgé, ou si l'on veut en changer la variété, on pratiquera la greffe en couronne; elle s'exécute de la manière suivante.

On rabattra l'arbre à 10 ou à 15 centimètres du sol : si, au contraire, on préférait greffer sur les branches sans couper le tronc principal, on couperait les bran-

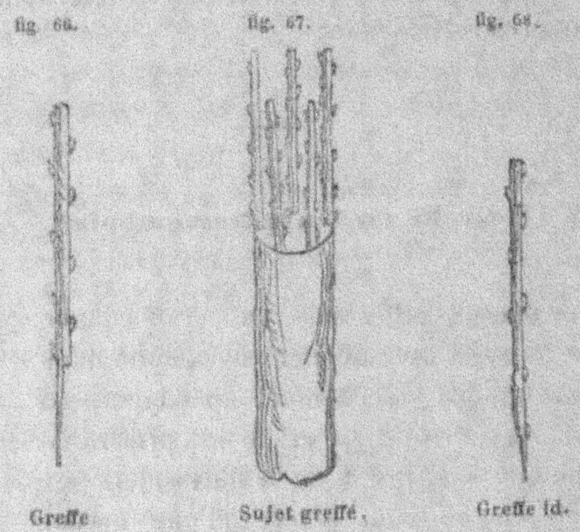

ches à 40 centimètres de leur longueur, de leur naissance sur l'arbre; ensuite on fendrait l'écorce verticalement jusqu'au bois, sur une longueur de 10 centimètres.

On pratique sur les greffes et à leur base une petite entaille en bec de flûte, ainsi qu'un petit cran à la partie supérieure de cette entaille.

Ensuite il suffit de soulever l'écorce au moyen d'une petite spatule en bois ou d'un greffoir. Sur les bords des

parties incisées, on introduit les greffes entre l'écorce
et le bois, en ayant soin que la petite entaille des
greffes repose sur la tête du sujet, ou sur les branches.

Les greffes ainsi appliquées sur le bois se trouvent
en contact avec les deux lèvres de l'écorce qui les
recouvre, puis on mastique pour empêcher que l'air
n'y pénètre, et en même temps pour en favoriser la
reprise.

On peut mettre ainsi trois ou quatre greffes sur la
même branche ou sur le même arbre, suivant la force
et la grosseur, en observant toutefois une distance de
8 à 10 centimètres entre chaque greffe.

Greffe en écusson à œil dormant.

La greffe en écusson à œil dormant, se pratique le
plus souvent depuis le mois de juillet jusqu'en septem-

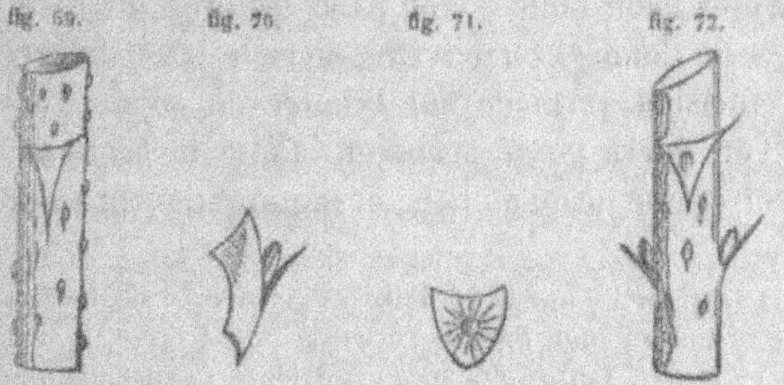

Sujet préparé.   Écusson.   Intérieur de l'écusson. Écusson triple.

bre, selon que la sève se prolonge plus ou moins sur
les sujets à greffer.

Cette greffe est employée généralement sur les jeunes sujets de un à quatre ans, et présentant une écorce lisse et tendue. La tête d'un sujet greffé ne se supprime que lorsque la greffe est assurée, c'est-à-dire au printemps suivant. Si cependant quelques greffes avaient manqué sur quelques sujets, il serait bon de ne pas rabattre, on procéderait de nouveau à la greffe en remplacement des écussons qui auraient péri.

On choisira des greffes bien vigoureuses sur des arbres bien sains, et munis, à la base des feuilles, de bons yeux ou boutons bien constitués. On enlèvera, sur les rameaux, au moyen du greffoir, les yeux les plus propres à la greffe, en ayant bien soin de ne pas enlever trop de bois, de conserver au-dessous des boutons la petite masse de tissu séveux qui est indispensable pour la reprise de l'écusson ; et faute de ce tissu qui la rend incertaine, on dit alors que l'œil est borgne, par conséquent impropre à la production par l'absence de ce tissu séveux qui alimente la greffe jusqu'à la reprise (fig. 74)[1].

Après avoir enlevé l'œil avec les précautions que je viens de donner, on ouvrira, avec la lame du greffoir, une incision verticale sur l'écorce du sujet à l'endroit où l'on devra poser l'écusson. Cette incision ne doit pénétrer que jusqu'au bois, et immédiatement au-dessus

---

[1] Cette petite masse verdâtre est composée de tissu cellulaire et de cambium; lorsque l'écusson en est privé, il se dessèche et meurt. Cette substance spongieuse et succulente, qu'on nomme aussi parenchyme, protége les fibres de l'œil, jusqu'à ce que celui-ci s'identifie sur le sujet.

On donne le nom de cambium à la sève élaborée par les feuilles.

d'elle il en sera pratiqué une autre petite, afin que ces deux incisions représentent un T. Ensuite on soulève, avec la spatule du greffoir, les deux lèvres de l'écorce, dans laquelle on introduit l'écusson.

Lorsque l'écusson est glissé sous l'écorce et appliqué sur l'aubier du sujet, on rapproche les deux lèvres le mieux possible, puis on ligature et on mastique en appuyant légèrement sur la partie inférieure et supérieure du bouton, afin que son tissu séveux et les fibres soient bien fixés sur le bois du sujet.

Quelque temps après l'opération, on surveille les greffes, qui seront desserrées à mesure qu'elles seront reprises, car si l'on n'y faisait pas attention, la sève, en suivant son cours, se trouverait gênée par la ligature, formerait un bourrelet qui nuirait considérablement aux greffes et finirait par les détruire en déterminant des étranglements.

Si, au-dessous des greffes, il se développait des bourgeons, il faudrait les enlever dans le courant de la première année; on laissera, au contraire, les bourgeons qui naîtraient à la partie supérieure, pour tirer la sève vers les greffes.

Cette suppression des bourgeons à la base du sujet est très-nécessaire, car si on les laissait, ils s'approprieraient toute la sève, qui ne pourrait pas arriver jusqu'aux greffes; les bourgeons poussés à la partie supérieure ne se suppriment qu'après l'entière reprise des greffes, et il ne faut pas négliger cette précaution.

———

Nouvelle mise à fruit par la greffe en coulée.

Voici comment je prépare mes branches à fruit.

Je les taille en biseau de 2 à 5 centimètres, suivant la grosseur des branches. Ce biseau doit être le plus mince possible, il doit y avoir un œil au milieu. Puis je fais sur l'écorce de l'arbre une incision en **T**, comme pour une greffe en écusson (*d, e, f, g*). Je coule ma branche entre les deux lèvres (*f, g*) de cette plaie, quand je les ai détachées avec la spatule du greffoir, et je l'insinue jusqu'à l'extrémité de mon incision ; je ligature

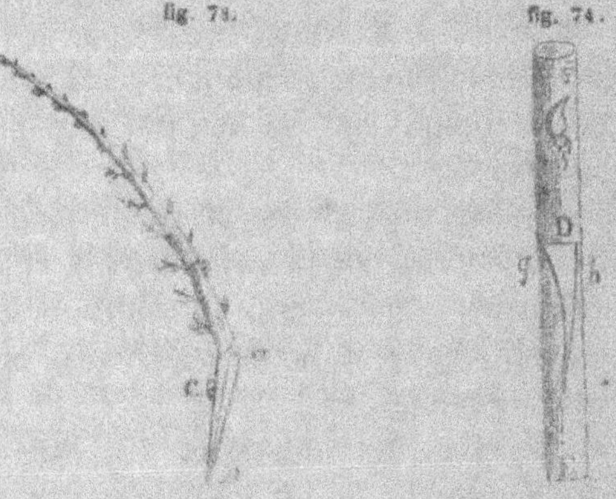

Greffe en coulée. Branche latérale garnie de boutons à fruits.

Incision pour recevoir la greffe en coulée.

fortement pour bien appuyer mon biseau sur l'aubier du sujet, et j'enduis de cire à greffer.

Cette greffe n'a pas encore servi pour les usages auxquels je l'emploie. On peut ainsi greffer des branches de 30 à 40 centimètres de longueur toutes garnies de boutons à fruits, qui reprennent et produisent très-bien. Ces branches peuvent même servir à faire des branches charpentières, et s'identifient avec l'arbre comme si elles y étaient nées.

Quant aux boutons à fruits, ils se greffent de deux manières.

La première consiste à lever le bouton à fruit comme un écusson, et à le placer de même.

La seconde est plus avantageuse sous tous les rapports. Elle est identique à celle au moyen de laquelle j'ai tout à l'heure appliqué des branches à fruits sur mes arbres. Elle est plus facile à faire, reprend mieux, donne beaucoup de fruit, et l'on peut se procurer avec moins de risque les boutons à fruits, puisqu'ils sont pris à l'extrémité des branches. On taille ces bouts de branches de la même manière que les branches à fruits dont je viens de parler, en ayant soin de laisser un œil à bois *c* au milieu du biseau *a b* : il donne plus de facilité à la reprise, et peut au besoin servir à faire des branches à bois ; c'est ce que j'appelle *affranchir* la greffe en coulée. Cet affranchissement peut se faire aussi dans la greffe en fente.

On peut greffer toutes sortes de fruits avec cette greffe en coulée.

Poirier sur pommier.

Pommier sur poirier (ne donne du fruit que la première année).

Prunier sur abricotier.

Abricotier sur prunier.

Prunier et abricotier sur pêcher (donnent de très-gros fruits, et peuvent même servir à faire des branches.)

Il n'y a pas d'époque fixe pour cette espèce de greffe des boutons et des branches à fruits. La sève est le seul guide.

Si l'on greffe trop tôt en août, sur des arbres vigoureux, il arrive souvent que les boutons se défont ou fleurissent au mois d'octobre. Le mois de septembre est donc préférable. L'opération n'en est pas moins très-bonne en octobre, sur les arbres vigoureux et qui conservent leur sève.

De tous ces fruits, c'est le prunier qui réussit le mieux en coulée. J'engage les pépiniéristes à l'essayer. Ils devront le faire en juillet et en août, avec toutes sortes de branches, mais préférablement avec l'extrémité des jeunes rameaux. Cette greffe en coulée, *dont personne ne s'est encore occupé*, peut remplacer avec les plus grands avantages, dans la culture du pêcher, les greffes en approche et en écusson, et elle est plus prompte à donner des résultats pour la garniture des branches dénudées. Elle s'identifie parfaitement avec l'arbre, peut servir à faire des branches charpentières et à varier les espèces sur le même arbre. On doit seulement retarder, jusqu'à la fin d'octobre ou au commencement de novembre, le pêcher, qui conserve sa sève jusqu'à cette époque. Ses effets sont les mêmes sur les arbres sus-indiqués.

Les personnes qui font des semis d'arbres fruitiers, et qui attendent toujours huit à dix ans avant de les voir fructifier, peuvent, par le moyen de cette greffe, hâter l'époque de la récolte. Il faut, pour cela, prendre l'extrémité des branches ou les dards des sujets que l'on pense être bons, et les greffer comme il est dit ci-dessus. Il suffit donc de deux années pour voir le fruit. La seconde année, les dards ou les bouts de branches greffées se tourneront à fruit.

Greffe des rameaux à fruits.

Ce genre de greffe, quoique ancien et beaucoup
moins avantageux que la greffe en coulée que je viens
de décrire (cette dernière étant inconnue), offre de
même de grands avantages : 1° celui de remplacer les
branches gourmandes en rameaux à fruits ; 2° de
garnir les branches latérales de ramifications fruitières
à l'endroit où l'arbre n'en porte pas, ou bien en remplacement de celles qui auraient péri.

Voici comment on obtient ces résultats.

Si l'on avait des arbres dépourvus de ramifications
fruitières, on comblerait ces lacunes au moyen de
rameaux à fruits, que l'on prendrait sur d'autres arbres
de mêmes espèces ou de variétés différentes. Ce pro-

fig. 75.   fig. 76.   fig. 77.

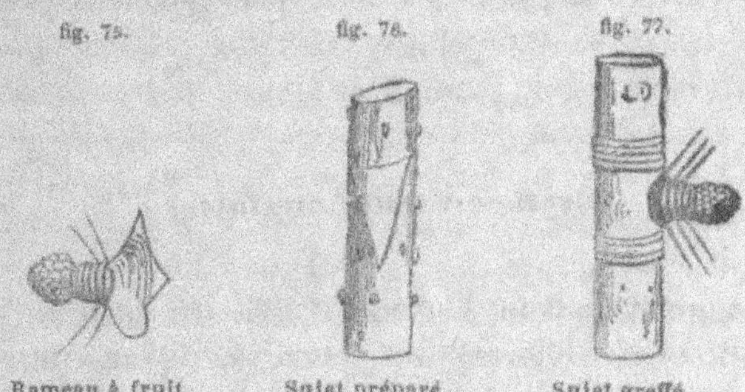

Rameau à fruit.   Sujet préparé.   Sujet greffé.

cédé de greffer se fait de préférence au mois d'août,
c'est-à-dire à la deuxième sève et dans le but de ne
faire développer les boutons à fruits qu'au printemps
suivant : car si l'on opérait plus tôt, la réussite serait
moins assurée. Ces sortes de greffes prennent le nom
de greffes en écusson à œil dormant.

L'opération est bien la même que pour la greffe en écusson que j'ai décrite plus haut ; seulement, la différence est que pour la première on place un œil à bois bien constitué pour fournir un arbre, tandis que pour celle-ci on se sert d'un bouton à fruit pour garnir les vides sur les branches obtenues.

Au printemps suivant, ces petits rameaux épanouissent leurs fleurs et fructifient. S'il existait, sur certains arbres, des branches folles ou branches gourmandes que l'on aurait négligé de pincer lors de leur développement, on aurait recours à ce genre de greffe. On poserait en écusson un bouton à fruit à la base de ce rameau gourmand, et à la taille d'hiver, c'est-à-dire au printemps qui suivrait l'opération, on couperait ce rameau gourmand à ras et au-dessus du bouton à fruit ; par ce moyen, la branche gourmande disparaît, et se trouve remplacée par une ramification fruitière.

Greffe en fente anglaise.

La greffe en fente anglaise réussit très-bien sur de jeunes sujets. Elle est très-solide et très-expéditive. Voici la manière de la pratiquer.

Couper la tige du sujet en biseau très-allongé ; pratiquer une fente verticale vers le tiers supérieur de la longueur du biseau. Couper aussi la base de la greffe en biseau allongé, et pratiquer également une fente verticale vers le tiers inférieur de la longueur du biseau ; introduire la languette de la greffe dans la fente du sujet, de façon que les plaies soient complètement couvertes l'une par l'autre, et que les écorces se joignent parfaitement, au moins sur un des côtés de la tige. Cette sorte de greffe, très-solide et très-promptement exécutée, convient surtout aux jeunes sujets, parce que les plaies sont couvertes l'une par l'autre sur toute leur surface.

La greffe étant posée, et les écorces coïncidant bien ensemble, on ligature et on mastique.

Fig. 78.

Greffe
en fente anglaise.
Sujet greffé.

Il est très-utile pour les greffes, soit en fente, soit en écusson, lorsqu'elles commencent à s'allonger, de les soutenir au moyen d'une petite perche en bois que l'on adapte au sujet.

Si l'on néglige cette précaution, les greffes sont exposées à être détruites, soit par les vents, soit par les oiseaux qui viennent quelquefois se poser sur les jeunes pousses lorsqu'elles sont encore herbacées.

Greffe par approche herbacée.

La greffe par approche herbacée diffère des autres greffes que j'ai mentionnées, en ce qu'elle se pratique lorsque le bourgeon et le sujet sont à l'état séveux, c'est-à-dire à l'état herbacé. Elle s'opère en juin, soit sur les branches horizontales, soit sur les branches verticales du même arbre où elles sont poussées, afin

de garnir les vides qui existeraient sur différents points
de l'arbre. Ce genre de greffe est très-bon, en ce

fig. 79.

Bourgeon greffé par approche herbacée.

qu'il établit des ramifications fruitières là où il n'en
existe pas. On emploie cette méthode généralement
sur les arbres fruitiers à noyaux, et notamment sur
le pêcher.

fig. 80.

La greffe par approche s'exécute
donc en juin et juillet, avec des bourgeons de l'année non détachés de l'arbre, tandis que les autres greffes se
pratiquent sur des sujets d'au moins un
an, au moyen de rameaux détachés de
même essence, ou d'une autre variété.

Il suffit donc, lorsqu'il existe des
vides sur une branche charpentière,
de choisir un jeune bourgeon que l'on
inclinera à la place où on doit le greffer. On fera sur la branche une incision

Manière de préparer
cette greffe.

qui aura 5 centimètres de longueur, et à chaque
extrémité on en pratiquera une petite transversale.
Le bourgeon doit aussi être incisé légèrement, puis on

l'introduit sous l'écorce de l'incision faite sur la branche, en ayant soin que le bourgeon coïncide bien avec

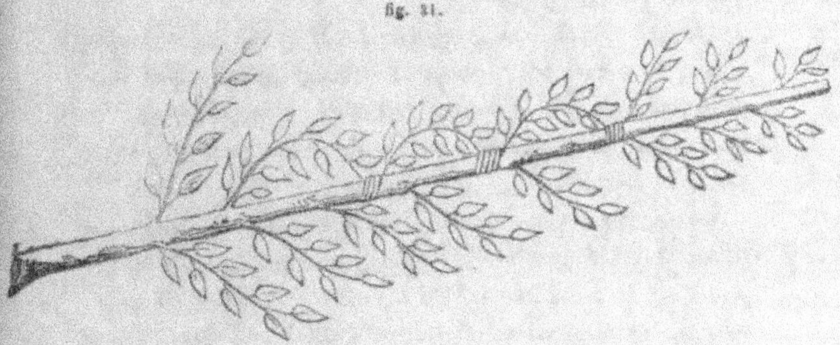

Greffe par approche herbacée, multiple.

les deux lèvres de l'écorce; après, on ligature, et l'opération est terminée.

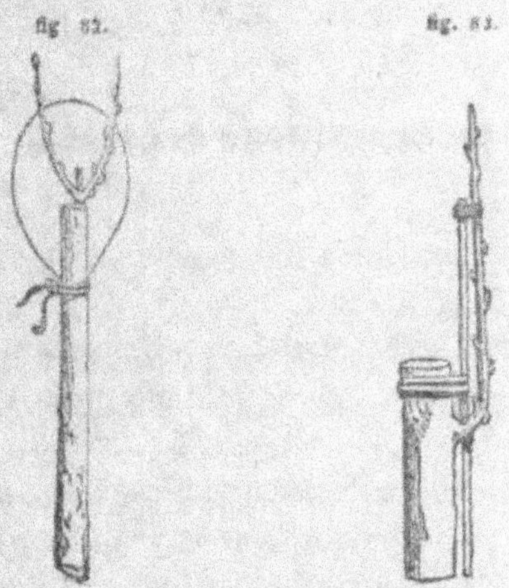

Moyen de soutenir les greffes pendant le cours de leur première année de végétation.

Dès qu'on arrive à la deuxième année qui suit l'opération, on sèvre les greffes; car si l'on agissait plus tôt, beaucoup de greffes se dessècheraient et périraient, tandis qu'à l'époque indiquée la reprise peut être considérée comme assurée.

Quand il y a plusieurs vides sur la même branche, et sur le même côté, on peut greffer le bourgeon successivement aux endroits dénudés, à mesure que ce bourgeon arriverait au point où il faudrait une autre branche fruitière.

Il ne reste plus ensuite qu'à couper le bourgeon primitif qui a comblé les vides, au-dessous de chaque point où il a été greffé. Ce sevrage s'exécute au printemps, au moment de la taille. Quant aux greffes une fois reprises, elles sont traitées comme les autres petites branches fruitières.

De la cueillette des fruits.

Le moment auquel on doit cueillir un fruit est remarqué par les faits suivants.

Il se produit à l'extrémité du pédoncule un bourrelet qui grossit à mesure que le fruit approche de sa maturité. De son côté la bourse grossit (voyez fig. 12, en A) et devient pointue à l'extrémité où se place le fruit. La bourse et le pédoncule tendent à se quitter ; l'effet produit est semblable à celui qui résulterait de l'insertion entre eux d'un fil de soie qui les détacherait peu à peu l'un de l'autre. Le fruit est alors bon à cueillir : plus tard, il tomberait lui-même, et plus tôt, il présenterait de la résistance à la main.

Les fruits d'été et d'automne se cueillent sept ou huit jours avant leur maturité ; ils acquièrent dans les fruitiers une qualité supérieure. On peut faire deux cueillettes, et il en résulte l'avantage suivant : on enlève la première fois les fruits les plus gros et les plus avancés ; on laisse les plus petits sur l'arbre, ils grossissent et deviennent meilleurs.

Les fruits d'hiver se cueillent du 1er au 20 octobre. Plus tard, on risquerait d'avoir des gelées. On peut faire pour les fruits d'hiver deux cueillettes, comme pour ceux d'été et ceux d'automne.

Le fruit se cueille par un beau temps. Il faut avoir soin de ne pas le froisser dans l'opération de la cueille, comme dans celle de sa rentrée au fruitier.

On doit laisser le fruitier ouvert pendant sept ou huit jours, pour que les fruits ressuent et que l'odeur produite par leur transpiration soit évaporée. Cette odeur passée, on doit les priver d'air.

Un autre signe de maturité des fruits, c'est la chute naturelle de ceux qui sont piqués par les vers.

La peau peut encore servir d'indice : elle est, lorsque le fruit est arrivé à sa maturité, d'une teinte jaune, lisse, très-fine, et semble glacée et transparente.

Pour les fruits qui ont été rentrés au fruitier, quand on veut savoir s'ils sont assez mûrs, il ne faut pas les tâter aux flancs, car on arriverait à faire des meurtrissures indélébiles ; il ne faut qu'appuyer très-légèrement le pouce près de la queue. C'est la dernière partie qui mûrit, et une meurtrissure à cet endroit n'endommage que fort légèrement le fruit. La chair doit céder sous la pression. Du reste, on ne doit que rarement, avec un peu d'habitude, avoir besoin de toucher un fruit plusieurs fois.

Si par hasard quelques fruits se ridaient, il suffira, pour les mettre dans l'état où ils étaient au moment de la cueillette, de les envelopper de mousse bien mouillée et de les descendre quelques jours à la cave.

Etablissement d'un fruitier.

Pour l'établissement d'un fruitier, ce ne sont pas les plans qui ont manqué jusqu'à ce jour. Il y en a de très-beaux et de très-bien faits. Ils n'ont peut-être que les deux défauts suivants : ils sont très-dispendieux à établir, et le fruit ne s'y conserve presque pas.

Les conditions nécessaires pour la conservation des fruits sont celles-ci : une température toujours égale, à 1 ou 2 degrés près ; pas d'humidité.

Ainsi, il faut un endroit sec, dans lequel on ne fera entrer de courant d'air que rarement, où la gelée ne pourra pénétrer, où il n'y aura pas besoin de faire de feu pour la combattre ; et toutes ces différentes qualités peuvent se trouver mieux et plus facilement que partout ailleurs dans une cave ou un cellier en terre, enfoncé de sept à huit marches au plus, si le terrain n'est pas humide.

En effet, dans les temps où il gèle à 12 degrés, le thermomètre marque, dans une bonne cave ou dans un cellier, 5 degrés au-dessus de zéro. Dans le temps où la chaleur est de 35 degrés à l'extérieur, elle est de 7 degrés dans cette même cave. La température est donc égale ; et, je le répète, si une telle cave n'est pas humide, on a réalisé sans frais l'idéal d'un bon fruitier.

Si, comme beaucoup de monde, on établissait son fruitier au grenier, il faudrait faire du feu en hiver, donner des courants d'air en été; on trouve ainsi fort vite des fruits ridés, passés, et peu présentables.

Je crois donc qu'il est bon de s'arrêter au système que je viens d'indiquer, parce que, quoique étant le plus simple, il est encore le meilleur et le moins coûteux qu'on ait proposé.

Destruction du puceron lanigère [1].

Parmi les insectes qui compromettent trop souvent les récoltes de nos arbres à fruits, le puceron lanigère est certainement l'une des espèces les plus redoutables, tant au point de vue de la gravité de ses ravages que de sa résistance à tous les moyens de destruction proposés jusqu'ici. J'espère donc qu'on trouvera quelque intérêt à répéter les expériences auxquelles je me suis livré cette année à ce sujet, et qui paraissent jusqu'ici avoir été suivies d'un parfait succès.

J'avais eu occasion, dans un autre ordre de faits, de constater l'influence délétère que certaines essences, et je prendrai pour type l'essence de lavande, exercent sur les organismes inférieurs, soit végétaux, soit animaux. L'idée me vint alors d'essayer si cette même

---

(1) Note extraite du journal de la Société Impériale et centrale d'Horticulture de France. Tome IX, décembre 1863, p. 776.

influence ne s'exercerait pas sur les insectes qui désolent nos jardins. Je m'attaquai au plus rebelle de tous, J'avais un vieux pommier en plein vent, chez lequel le puceron lanigère était invétéré depuis plusieurs années : au printemps de cette année, je lui fis donner une copieuse aspersion d'une eau chargée d'essence de lavande. Le succès dépassa mon attente, et cet automne mon arbre ne présente qu'un seul point attaqué, de la grandeur d'une petite pièce de monnaie.

J'ai aussi quelques pommiers en cordon horizontal, sur lesquels l'insecte a sévi cet automne avec une grande intensité : il y a une huitaine de jours, je priai M. Forest, qui a la bonté de communiquer cette note à la société, d'assister à une aspersion unique que je leur administrai. Aujourd'hui, toutes les parties de ces arbres sur lesquelles l'aspersion a eu lieu sont complètement purgées d'insectes; car il est bon de savoir que, pour rendre l'expérience plus convaincante, je m'étais borné à asperger le dessus du cordon. J'eusse désiré pouvoir pousser plus loin moi-même ces expériences; malheureusement, mon jardin devant passer dans d'autres mains à la fin de l'année, je me vis forcé d'y mettre un terme, au moins momentanément. Pour faciliter l'expérimentation de mon procédé aux personnes qui désireraient la faire, je vais entrer dans quelques détails sur la manière d'opérer, qui d'ailleurs est fort simple.

Il s'agit de charger d'une huile essentielle, de celle de lavande, par exemple, une certaine quantité d'eau La proportion est de 1 à deux centimètres cubes d'essence (à peu près 1 à 2 grammes) par litre d'eau. Le prix de l'essence de lavande étant d'environ 10 francs

le kilogramme, le litre d'eau préparé revient donc
de 1 à 2 centimes, et avec un litre on peut asperger copieusement 4 à 5 mètres de branchage. On met
l'eau dans une bouteille assez grande pour n'en être
pas complètement remplie ; on ajoute l'essence, et l'on
communique au tout une violente agitation. L'essence
se divise bientôt ; une partie se dissout et l'autre reste
en suspension dans l'eau, qui devient laiteuse. Il ne
suffirait pas, pour diviser l'essence, de placer l'eau
dans un vase quelconque et de l'agiter avec un bâton,
par exemple ; il faut des secousses brusques. Pour
opérer sur de grandes quantités de matière, une baratte
rotative serait très-convenable.

Un moyen assez commode pour commencer la divi-
sion de l'essence, consiste à la délayer dans trois à
quatre fois son volume d'esprit-de-vin, et à la verser
doucement dans de l'eau que l'on agite.

L'émulsion une fois préparée, on l'emploie immédiatement, afin de ne pas laisser à la portion de l'essence
qui n'est que tenue en suspension le temps de se sépa-
rer. Comme les parties d'arbres qui sont mouillées
paraissent être les seules purgées, il importe de se
servir d'une seringue qui pulvérise le liquide aussi
bien que possible. Il va donc aussi sans dire qu'il y a
avantage à opérer avant que les feuilles aient pris un
grand développement, ou après leur chute ; en tout cas,
on doit s'efforcer de seringuer sur les parties affectées
et, par précaution, sur tout le bois.

Si l'on examine l'effet de l'opération, on voit que les
gouttelettes de l'eau émulsionnée, au lieu de couler sur
le duvet spécial au puceron lanigère, y adhèrent, et
sont lentement aspirées par ce duvet qui s'affaisse. Une

fois mouillé, il est comme fondu, et ne peut plus pro-
téger l'insecte ou ses œufs, dont les intempéries de l'air
achèvent la destruction. Si l'on joint à cela l'action
toxique propre que l'essence de lavande doit exercer
sur ces animaux, on voit qu'il y a plus d'une raison
pour que la place infestée en soit débarrassée. Mais
encore une fois, et il importe que ceci soit bien compris
par les personnes qui voudraient essayer du procédé,
je suis persuadé que le contact est nécessaire, et que
si l'essence agit comme corps odorant, ce n'est pas là
son mode d'action principal.

Il est probable que d'autres essences, telles que
celles de sauge, de romarin, de térébenthine, peut-
être aussi les huiles de schiste, de pétrole, de goudron,
les eaux goudronneuses, seraient les succédanées
efficaces de l'essence de lavande.

Aussi est-ce moins un spécifique unique que je
propose qu'un mode opératoire pour appliquer, d'une
manière économique et efficace, l'action des huiles
essentielles aux végétaux infestés d'insectes, et peut-
être même de végétaux parasites.

J'ai opéré en particulier avec l'essence de lavande
sur le puceron lanigère, et je crois avoir réussi.

TABLEAU

PAR ORDRE DE MATURITÉ DES PRINCIPALES
ESPÈCES D'ARBRES A FRUITS.

On voit paraître tous les jours, dans le commerce, de nouvelles poires qui méritent la réputation qu'on leur fait, et je crois que les anciennes auront fort à faire pour conserver leur réputation. La virgouleuse, la royale-d'hiver, le Saint-Germain, la crassane qui devient pierreuse et se casse, le doyenné d'hiver qui mûrit avec peine, ne seront pas oubliés de sitôt ; mais on cultive à côté de ces poires bien d'autres fruits que nos pères ne connaissaient pas, et qui valent mieux. C'est pour aider à la composition des potagers et au plaisir des amateurs, que j'ai donné ici le tableau des meilleures espèces de poires, et des époques de leur maturité.

J'ai ajouté, pour compléter les renseignements que je crois utiles au public, un travail analogue sur les abricotiers, amandiers, brugnons, cerisiers, pommiers, pêchers et pruniers.

Poiriers.

Noms spécifiques.	Maturité.	Noms spécifiques.	Maturité.
Blanquette petite.	Fin de juin.	Grosse Blanquette.	Juil.
Muscat Robert (St-Jean).	»	Citron des Carmes (Madeleine).	»
Beurré Giffard.	»		
Doyenné d'été ou de juillet.	Mi-juil.	Amiré Johannet.	»
		Salviati.	Août.

Noms spécifiques.	Maturité.	Noms spécifiques.	Maturité.
Rousselet de Stutgard (petite).	Août.	Comte de Flandre.	Sept.
Malconnaître.	»	Cornélie-Bivort.	»
Poire Pêche.	»	Doyenné Boussoch.	»
Suprême de Quimper.	»	Louise Bonne d'Avranches.	»
Doyenné de Saumur.	»	Fondante de Brest.	»
Dame verte.	»	Pie IX.	»
Albertine.	»	Gloire de Cambronne.	Oct.
Bergamote ou belle d'août.	»	Nectarine.	»
Beurré de Beaumont.	»	S. Michel Archange.	»
» milan blanc.	»	Beurré Curtel.	»
» Goubault.	»	» d'Albret.	»
Calebasse d'été.	»	» des Charneuses, ou	
Epargne.	»	» duc de Brabant.	»
Beau Présent.	»	» Du Mortier.	»
De Coq.	»	» Duverny.	»
Duchesse de Berg.	»	» fleur de neige.	»
Pastorale ou Musette.	»	» doré d'Ambroise.	»
Simon Bouvier.	Fin d'août.	» Hardy.	»
William musquée.	»	» nouveau Poiteau.	»
Golcondi nova.	»	Comte de Paris.	»
Rousselet de Reims musquée.	Sept.	Belle de Flandre.	»
Souvenir d'Eté.	»	Adèle de St-Denis.	»
Vergaline musquée.	»	Bergamote lucrative.	»
Frédéric de Wurtemberg.	»	» verte longue.	»
Poire fondante.	»	Amirale arbre courbé.	»
» d'Oignon.	»	Beurré Auguste-Benoît.	»
St-Denis d'Angers.	»	Souvenir du Printemps	»
St-Nicolas.	»	Thompson.	»
Omer Pacha.	»	Doyenné gris ou roux.	Nov.
Reine des Belges.	»	Duchesse d'Angoulême.	»
Beurré Oudinot.	»	Fondante du comice d'Angers.	»
Beau Présent d'Artois.	»	Henri Chaperon.	»
Ananas.	»	Jules Bivort.	»
Poire d'Angleterre.	»	Laure de Glymes.	»
Bergamote.	»	Marie Louise Delcourt.	»
» Picquot.	»	Messire Jean.	»
Beurré d'Amanlis panaché.	»	Beurré Napoléon.	»
» de mont-geron.	»	» Piquery.	»
» des vignes.	»	Colmar d'Aremberg.	»
» superfin.	»	De Lamartine.	»
Bon chrétien de Bruxelles.	»	De Spoelberg, poire de Mons.	»
» d'été.	»	Belle épine Dumas	»
Bonne d'Ezée.	»	Beurré Capiaumont.	»
Colmar poire d'abondance.	»	Bezi de Lamotte.	»

Noms spécifiques.	Maturité.
Bergamote de Nemours.	Nov.
Beurré Baronne de Mello.	»
» Bosc.	»
» Clairgeau.	»
Van Mons Léon Leclerc.	»
Villermoz.	»
Doyenné Defais.	Déc.
» du comice.	»
Hacon, s. incomparable.	»
Monseigneur Affre.	»
Pater Noster.	»
Princesse Charlotte.	»
Retour de Rome.	»
Soldat Laboureur.	»
Beurré magnifique.	»
Délice de Charles.	»
» d'Hardenpont.	»
Archiduc Charles.	»
Poire de Curé.	»
Crassane.	»
Bezi de Goubault.	»
Beurré Bachelier.	»
» Berkmans.	»
Triomphe de Jodoigne.	»
Alexandre Bivort.	Janv.
Crassane d'hiver, ou Beurré Bruneau.	»
Bergamote Gaudry.	»
» Laffais.	»
Bezi des vétérans.	»
» sans pareil.	»
Beurré Bretonneau.	»
» Bronze.	»
» d'Aremberg.	»
» Defais.	»
» Dalfasse.	»
» de Malines.	»
» Sterkmans.	»
» Langelier.	»
» Milet.	»
» Passe-Colmar.	»
Bon Gustave.	»
Bonne après Noël.	»
Bourgmestre (Bouvier).	»
Broom Parck.	»
Colmar d'hiver.	»

Noms spécifiques.	Maturité.
Columbia.	Janv.
Conseiller de la cour.	»
Duchesse de mars.	»
Dumon-Du Mortier.	»
Henri Bivort.	»
Henri Nicaise.	»
Léopold premier.	»
Messire Jean Rond.	»
S. Jean-Baptiste.	»
Bezi d'Echasserie.	»
Beurré nouveau.	»
Désiré Parmentier.	»
Ambrette.	»
Epine d'hiver.	»
Napoléon d'hiver.	»
Ne plus meuris.	»
Parfum d'hiver.	»
Plougastel.	Fév.
Beurré citron.	»
Mignonne d'hiver.	»
Orpheline d'Enghien.	»
Shobden court.	»
Prince Albert.	»
Beurré gris d'hiver ou de Luçon.	»
Docteur Bouvier.	»
Doyenné d'Alençon.	»
Alexandre Lambré.	»
Beurré Bennert.	»
Bezi tardif de Goubault.	»
Van Mons Léon Leclerc de Laval.	Mars.
Zéphyrin Grégoire.	»
S. Germain d'hiver.	»
Nouveau Simon Bouvier.	Avril.
Elisa Deyst, belle caennaise.	Août.
Muscat L'allemant.	Fin d'hiver.
Bergamote Espéren.	»
» Fortunée.	»
Louise de Boulogne.	»
Beurré Rance, ou Noirchain.	Printemps.
Tarquin des Pyrénées.	»
Passe Tardive.	»
Joséphine de Malines.	»

Choix de poiriers avec l'indication de leurs formes, greffes, etc.

Noms.	Formes.	Maturité.	Greffes.
Beurré Giffart.	Toutes formes.	*Juillet.*	sur franc.
Bon chrétien William.	»	*Fin août.*	coig. et fr.
Louise Bonne d'Avranche.	»	*Septembre.*	sur franc.
Duchesse d'Angoulême.	»	*Oct. Nov.*	coig. et fr.
Beurré Clairgeau.	»	*Nov. Déc.*	»
Beurré Diel.	Espalier-Palm.	»	»
Beurré d'Hardenpont.	Espalier.	*Déc. Janv.*	coig.
Passe-Colmar.	Toutes formes.	»	sur franc.
Doyenné d'hiver.	»	*Janv. Avril.*	coig. et fr.
Bergamote Espéren.	»	*Hiver, Mai.*	»
Epargne.	Plein-vent.	*Juillet.*	sur franc.
Beurré Goubault.	Toutes formes.	*Fin août. Sep.*	»
Bonne d'Ezée.	»	*Septembre.*	coig. et fr.
Seigneur.	Plein vent, esp,	*Sept. Oct.*	sur franc.
Colmar d'Aremberg.	Esp. terr. ch.	*Oct. Nov.*	»
Van Mons de L. Leclerc.	Espalier.	*Novembre.*	»
Triomphe de Jodoigne.	Toutes formes.	*Nov. Déc.*	coig.
Bonne de Malines.	»	*Déc. Janv.*	coig. et fr.
Doyenné d'Alençon.	» pyr.	*Janv. Fév.*	»
Bergamote Fortunée.	Esp. cont.-esp.	*jusqu'en Mai*	»
Duchesse de Berry d'été.	Pyr. Plein-vent	*Août.*	»
Beurré d'Amanlis.	Toutes formes.	*Septembre.*	»
Frédéric de Wurtemberg.	»	*Sept. Oct.*	»
Beurré d'Apremont.	»	*Octobre.*	sur franc.
S. Michel-Archange.	»	»	coig. et fr.
Délices de Lovenjoul.	Pyr. et esp.	*Oct. Nov.*	»
Epine Dumas.	Toutes formes.	»	»
Ne plus meuris.	»	*Novembre.*	»
Joséphine de Malines.	»	*Déc. Janv.*	»
Bon chrétien de Rans.	»	*Fév. Mars.*	fr. et coig.
Doyenné de Juillet.	Haute tige.	*Juillet.*	sur franc.
Jalousie de Fontenay.	Toutes formes.	*Septembre.*	coig. et fr.
Saint-Nicolas.	»	*Sep. Oct.*	sur franc.

Pommiers.

Noms spécifiques.	Maturité.	Noms spécifiques.	Maturité.
Api d'été.	Fin juil.	Api gros.	Hiver.
Borovitski.	»	Belle d'Esquermes.	»
Pomme de Madeleine.	»	» Joséphine.	»
S.-Jean, Royal hâtive.	»	Cadeau du Général (très-	
Pomme de Jérusalem (Pi-		gros).	»
geon d'été).	Août.	Calville de St-Sauveur.	»
Early Harvest.	»	» rouge d'Anjou.	»
Blanche précoce.	»	Cossonnet.	»
Belle fleur (gros).	Sept.	Court-pendu.	»
De Lanterne (gros).	»	De Boutigny.	»
Rambourg d'été.	»	De Chataignier.	»
Jacques Lebel.	Fin sept.	De Franges.	»
Grand Alexandre.	Octob.	De Sarreguemines.	»
Américain sans pareil.	»	Dutch mignonne.	»
Gros papa.	Nov.	Impériale.	»
Belle du Bois (très-gros).	»	Ostogatte, Doux d'argent.	»
Sarmière de Bourgogne.	»	Pigeon d'hiver.	»
Alexandre.	Déc.	Reinette de Hollande.	»
Ribston pippin.	»	» dorée.	»
Pomme Cloche.	»	» grise.	»
Glacée.	»	Reine des reinettes.	»
De Jaune (gros).	»	Roi d'Angleterre.	»
Roi de Rome.	Janv.	Delande, fin d'hiver.	»
Hawthornden.	»	Brabant, Belle fleur.	Print.
Lenéous pippin.	»	Calville blanc.	»
Blenheim, pippin orange.	Fév.	Fenouillet gris.	»
Reinette d'Angleterre.	»	Reinette de Caux.	»
Belle d'Angers.	»	» de Granville.	»
Barbarie.	Mars.	» de Vigan.	»
Bedfordshire Foundlling.	»	» franche à côtes.	»
Canada gris.	Avril.	Petite reinette de haute	
Greave pippin.	»	bonté.	»
Newtown.	»	Reinette très-tardive.	»
Victoria.	Mai.	Gooseberry.	»
Calville femmes de lettres.	»		

Pruniers.

Noms spécifiques.	Maturité.	Noms spécifiques.	Maturité.
Reine Claude hâtive de Bavay.	Mi-juill.	Musquée de Malte.	Mi-juill.
		Favorite hâtive de Rivers.	Juill.

Noms spécifiques.	Maturité.	Noms spécifiques.	Maturité.
De Montfort.	Juill.	Reine Claude transparente.	Fin d'août.
Pêche prune Surpasse Mr.	»	De deux fois l'an.	Juill. Sept.
Monsieur petit hâtif.	Mi-août.	Impériale de Nitan.	»
Draps d'or d'Espéren.	Août.	Impératrice au Diadème.	»
Lawrence gage.	»	Kirké's très-bonne.	»
Mirabelle grosse de Metz.	»	Knight. 's green Drying.	»
» petite.	»	Martin Couestche.	»
Monsieur jaune.	»	Reine Claude de Bavay.	»
Reine Claude dorée.	»	» Claude rouge de Van Mons, vena nova,	»
» d'Oullens.	»	Reine Claude violette.	»
Monsieur gros hâtif,	»	» Claude de Russie.	»
Bleue de Belgique.	»	Coe's Golden Drop, très-gros).	Nov.
Impériale ottomane.	Fin d'août.	Gros blanc.	»
Diaprée rouge.	»		
Jefferson.	»		
Reine Claude d'Angoulême.	»		

Prunes pour pruneaux.

Noms spécifiques.	Maturité.	Noms spécifiques.	Maturité.
Cornemuse, 1re qualité pour pruneaux.	Mi-Sept.	Dame Aubert.	Sept.
Hervy, 1re qualité.	Sept.	Fellemberg-Couestche d'Italie,	»
De Jérusalem, 1re qualité.	»	Pond's, Seedling, la plus grosse des prunes.	»
D'Agen, 1re qualité.	»	Damas de Tours.	»
Couetsche d'Allemagne.	»		

Cerisiers.

Noms spécifiques.	Maturité.	Noms spécifiques.	Maturité.
Indulée précoce.	Mi-mai.	Anglaise hâtive.	Juin.
Bigarreau de Tartarie.	Fin mai.	Belle de Choisy.	»
Guigne à gros fruit noir, hâtive.	»	Bigarreau à gros fruit blanc.	»
Mayduke.	»	» de Florence.	»
Impératrice Eugénie.	Commencement de juin	Bigarreau de Mezel.	»
Bigarreau tardif de Baulbon.	Mi-juin.	Guigne Guindol.	»
Bigarreau Napoléon.	»	Guigne blanche.	Juil.
Guigne ordinaire à fruit noir.	Juin.	Montmorency de Bourgueil.	»
		Montmorency à longue queue.	»
		Montmorency à courte queue.	»

Noms spécifiques.	Maturité.	Noms spécifiques.	Maturité.
Elton.	Juill.	Mignonne hâtive à gros fruit.	Août.
Griotte douce du Portugal	»	Noblesse seedling, Rivers gros.	»
» noire de Lyon.	»	Nivette veloutée.	Fin d'août.
Cerise de Planchory.	»	Madeleine de Courson.	»
Dowton.	»	Belle Causse.	Mi-sept.
Reine Hortense (grosse).	»	Malte belle de Paris.	»
De Spa, Dona Maria.	»	l'on Ouvrier.	»
Cherry Duke, Royale.	»	Belle de Vitry.	»
Elgareau Espéren.	»	Chevreuse tardive.	Sept.
Belle de Sceaux.	»	Déesse grosse tardive.	»
» Adigoise.	»	Galande ou noir de Montreuil.	»
Aigle noire.	»	Pucelle de Malines.	»
Admirable de Soissons.	Mi-Juil.	Reine des vergers.	»
Anglaise tardive.	»	Vineuse de Fromentin.	»
Avant-pêche blanche, la plus précoce.	Juil.	Monstrueuse de Douai.	»
Petite Mignonne hâtive.	»	Bourdine.	Fin sept.
A Bec.	»	Téton de Vénus.	Oct.
Précoce des Chartreux.	»	Admirable jaune.	»
Noblesse grosse.	Mi-Août.	Léopold Ier	»
Prompte hâtive.	»		
Mignonne ordinaire à gros fruit.	Août.		

Brugnons.

Noms spécifiques.	Maturité.	Noms spécifiques.	Maturité.
Downton.	Mi-août.	Grosse violette, pêche-lisse.	Sept.
Brugnon Elruge.	Fin d'août.	Violette musquée.	»
Hardwicke Seedling.	»	Stanvick, le meilleur des brugnons.	Fin sept.
Newington Early.	»		
Pitmaston Orange.	»		
Violette hâtive.	»		

Abricotiers.

Noms spécifiques.	Maturité.	Noms spécifiques.	Maturité.
Albergier de Montgamet.	Fin juil.	Pourret (gros).	Mi-août.
Gros blanc ordinaire.	Mi-août.	Vard (gros).	Août.
Royal (gros).	»	De Versailles.	»
Jacques (gros).	»	Gros commun.	»
		D'Alexandrie (gros).	»

Noms spécifiques.	Maturité.	Noms spécifiques.	Maturité.
Pêche de Nancy (gros).	Fin d'août.	Moor-Park (gros).	Fin d'août.
		Beaugé.	Sept.

Amandiers.

Noms spécifiques.	Maturité.	Noms spécifiques.	Maturité.
À coque tendre.	Sept.	Ordinaire (très-gros) fruit plat.	Sept.
Ordinaire à coque dure.	»	Pêche ou pulpe.	»

FIN

TABLE

Tournai, typ. H. Casterman.

www.ingramcontent.com/pod-product-compliance
Lightning Source LLC
LaVergne TN
LVHW021027050726
842519LV00003B/762